本书由国家重点研发计划"典型脆弱生态修复与保护研究""'美丽中国'生态建设的评估方法（2019YFC0507803）"课题资助

海南省"十四五"生态环境保护

规划汇编

邢 巧　王晨野　王敏英　主编

中国环境出版集团·北京

图书在版编目（CIP）数据

海南省"十四五"生态环境保护规划汇编 / 邢巧，王晨野，王敏英主编. —北京：中国环境出版集团，2023.8
ISBN 978-7-5111-5579-5

Ⅰ . ①海… Ⅱ . ①邢…②王…③王… Ⅲ . ①生态环境保护—环境规划—汇编—海南 Ⅳ . ①X321.266

中国国家版本馆 CIP 数据核字（2023）第 152769 号

出 版 人 武德凯
责任编辑 孟亚莉
封面设计 彭 杉

出版发行 中国环境出版集团
（100062 北京市东城区广渠门内大街 16 号）
网 址：http://www.cesp.com.cn
电子邮箱：bjgl@cesp.com.cn
联系电话：010-67112765（编辑管理部）
010-67112735（第一分社）
发行热线：010-67125803，010-67113405（传真）
印 刷 北京中献拓方科技发展有限公司
经 销 各地新华书店
版 次 2023 年 8 月第 1 版
印 次 2023 年 8 月第 1 次印刷
开 本 787×1092 1/16
印 张 10
字 数 210 千字
定 价 55.00 元

编委会

主　　编：邢　巧　　王晨野　　王敏英

《海南省"十四五"生态环境保护规划》

负 责 人：王敏英　　王晨野

编写人员：王敏英　　王晨野　　邢　巧　　吴晓晨　　杨晓姝　　邬乐雅

　　　　　莫　凌　　覃茂运　　徐文帅　　杨安富　　吕淑果　　钱益斌

　　　　　穆晓东　　李森楠　　杨　珊

《海南省"十四五"水生态环境保护规划》

负 责 人：陈晓璐　　王立成

编写人员：陈晓璐　　王立成　　莫　凌　　黄忠杰　　符有利

《海南省"十四五"空气质量全面改善行动计划》

负 责 人：徐文帅

编写人员：徐文帅　冼爱丹　胡珊瑚　谢文晶　杨朝晖　谢荣富
　　　　　曹小聪　陈宗柏

《海南省"十四五"应对气候变化规划》

负 责 人：邬乐雅

编写人员：邬乐雅　吴晓晨　胡斐　张丽佳　王鸿浩　李凯凯

《海南省"十四五"海洋生态环境保护规划》

负 责 人：吕淑果

编写人员：吕淑果　陈峻峰　王　聪　刘焕淳　李　龙

目 录

第一篇 海南省"十四五"生态环境保护规划

海南省"十四五"生态环境保护规划

第一章　厚植绿色底色，开启美丽海南建设新征程

第一节　主要成效

"十三五"以来，在习近平生态文明思想的科学指引下，在省委、省政府的坚强领导下，我省生态环境保护工作从认识到实践发生了历史性的深远变化。生态文明建设部署层级力度递次抬高，任务安排步步深入，保护得天独厚的优良生态环境成为我省各级领导干部心中的"国之大者"；生态环境改革持续深化，体制机制创新可圈可点，生态文明制度的"四梁八柱"基本确立，法治体系日趋严密；生态环境机构职能进一步拓展、统一，"条""块"关系进一步理顺，生态环境保护督察有力实施，生态环境监测网络基本覆盖，生态环境监管的整体性、权威性、科学性进一步提升；生态环境专项整治持续开展，解决了一批人民群众关心的突出生态环境问题，生态环境质量持续保持全国一流水平。"十三五"时期我省生态环境保护事业取得积极成效，为打造人与自然和谐发展的美丽中国海南样板奠定了坚实的基础。

加强顶层设计，绿色发展理念愈加坚定明晰。2017 年 4 月，省第七次党代会明确坚定不移实施生态立省战略。2017 年 9 月，省委七届二次全会审议通过《中共海南省委关于进一步加强生态文明建设谱写美丽中国海南篇章的决定》，提出 30 条生态环境保护硬举措。2019 年 11 月，省委七届七次全会审议通过《中共海南省委关于提升治理体系和治理能力现代化水平加快推进海南自由贸易港建设的决定》，坚定践行"绿水青山就是金山银山"理念，以最严格的制度和措施确保生态环境只能更好、不能变差。2020 年 6 月，省委七届八次全会审议通过《中共海南省委关于贯彻落实〈海南自由贸易港建设总体方案〉的决定》，生态环境对海南自由贸易港建设的重要性突显。2020 年 12 月，省委七届九次全会对"十四五"作出全局性部署，再次明确建设生态环境世界一流的自由贸易港目标。在省委、省政府的决策引领下，海南生态文明建设的步伐不断加快、脚步愈加坚定，"房地产依赖"和 GDP 政绩导向不复存在，绿色高质量发展导向牢固树立。

坚持改革创新，国家生态文明试验区建设稳步推进。国土空间保护开发格局更加优化。

"多规合一"改革全国领先，全省"一心、一环、三江、多廊①"的生态安全格局稳固确立，以热带雨林国家公园为主体的自然保护地体系基本成型。在全国率先划定省域生态保护红线，高质量推进"三线一单②"改革，构建生态环境分区管控体系。**生态文明制度体系更加健全。**完成生态环境机构监测监察执法垂直管理制度改革和生态环境综合行政执法改革，构建"大环保"监管格局。优化考核评价机制，率先取消全省 2/3 市县的 GDP 考核。加强法制引领，近两年共制（修）订 20 余项生态文明领域省级地方性法规，"多规合一"、海岸带保护开发管理、生态保护红线管理、热带雨林国家公园建设、"禁塑"、排污许可管理等方面系列立法实践走在全国前列。深化排污许可制度改革，核发全国首张新版排污许可证，在全国率先完成排污许可证核发登记全覆盖。**资源能源利用结构更加绿色低碳。**2020 年清洁能源装机占全省装机比重的 67%，较 2015 年提升约 23 个百分点；清洁能源消费占比 37%，较 2015 年提升约 11 个百分点。单位地区生产总值能耗和用水量分别下降 11% 和 25%。清洁能源汽车保有量占比达 4.2%，高出全国水平 1.3 倍；车桩比 2.4∶1，好于全国水平 20%。淘汰全省 10 蒸吨/小时及以下燃煤小锅炉 754 台，黄标车 10 万余辆、老旧柴油车 1.7 万余辆。主要污染物排放总量、能源消费总量、碳排放强度提前完成国家下达控制目标。**生态文明制度集成创新取得积极成效。**系统谋划热带雨林国家公园、清洁能源岛和清洁能源汽车推广、"禁塑"、装配式建筑等国家生态文明试验区标志性工程。大力推进海南热带雨林国家公园体制试点，成立海南热带雨林国家公园管理局，率先探索建立国家公园垂直管理体制。连续举办两届世界新能源汽车大会，习近平总书记为大会发来贺信；在全国率先提出"全面禁止销售燃油汽车"，引领带动绿色投资和消费。构建"禁塑"领域"法规+标准+名录+替代产品+全程追溯"的全流程闭环管理体系，于 2020 年 12 月 1 日正式落地实施。大力推广装配式建筑应用，装配式建筑面积连续三年翻番。"禁塑""农村生活污水治理"等 9 项制度创新改革举措获国家层面推广。

　　打好污染防治攻坚战，生态环境质量持续保持全国领先。生态环境质量持续领跑。2020 年环境空气质量优良天数比例达 99.5%，其中优级天数比例 86.0%，比 2015 年上升 12.5 个百分点。细颗粒物（PM$_{2.5}$）年均浓度 13 微克/米³，比 2015 年下降 35%，创细颗粒物（PM$_{2.5}$）有监测记录以来历史最好水平。水环境质量持续保持优良，国控地表水断面水质优良率 100%，城市（镇）集中式饮用水水源水质达标率 100%。近岸海域水质优良率 99.9%。受污染耕地安全利用率和污染地块安全利用率分别达到 88.2% 和 100%。森林覆盖率稳定在 62% 以上，湿地保有量保持在 480 万亩。**加快补齐环境基础设施短板。**新增城镇污水处理能力 38.6 万米³/日，城市污水处理率达 98%；累计建成生活垃圾处理

---

① 一心、一环、三江、多廊：一心是指以热带雨林国家公园为主体的生态绿心；一环是指以环岛生态岸段和生态海域为主体的生态蓝环；三江是指南渡江、万泉河、昌化江生态水源；多廊是指连通山海的十三条生态廊道。

② 三线一单：生态保护红线、环境质量底线、资源利用上线和生态环境准入清单。

场 25 座,城乡生活垃圾无害化处理率达 95%。8 座新扩建生活垃圾焚烧发电厂均投入使用,焚烧处理能力达 11 575 吨/日,实现全省新增生活垃圾"全焚烧"。**不断夯实环境监管基础保障能力。**大力提升环境风险防控能力,加强生态环境监测能力建设,全省生态环境监测网络基本实现要素全覆盖、市县全覆盖。围绕水、大气、土壤、生态等领域积极开展应用基础研究,流域综合整治、大气复合污染综合来源解析、土壤污染详查、生态保护红线管控体系等科研成果有效支撑了环境管理。优化生态环境执法方式,加大执法力度,提升执法效能,"十三五"全省共下达环境行政处罚决定书 4 057 宗,处罚金额 5.2 亿元。将"智慧环保"融入"智慧海南"总体建设,生态环境管理信息化、现代化水平有效提升。

扎实推进中央环保督察问题整改,为生态文明建设保驾护航。第一轮中央生态环保督察整改任务按时完成率 92.5%,第一轮中央生态环保督察群众举报件全部办结;第二轮中央生态环保督察群众举报件办结率达 99.66%。开展超时长、全覆盖、高规格的省级生态环境保护百日大督察,强化督战结合,不断推动生态环境保护督察工作向纵深发展,解决了一批突出生态环境问题。不断完善省级督察常态化、规范化制度建设。出台《海南省生态环境保护督察工作实施办法》《海南省生态环境保护约谈办法》等 35 项督察配套工作规范。督察整改联动机制、全链条责任机制等省级督察长效机制基本健全。

第二节 面临形势

站在"两个一百年"的历史交汇期,党的十九届五中全会提出"我国发展仍然处于重要战略机遇期,但机遇和挑战都有新的发展变化"的重大判断,并对开启全面建设社会主义现代化国家新征程作出重大战略部署,其核心要义集中体现在"三个新",即把握新发展阶段、贯彻新发展理念、构建新发展格局。进入新发展阶段明确了我国发展的历史方位,贯彻新发展理念明确了我国现代化建设的指导原则,构建新发展格局明确了我国现代化建设的路径选择。这些重大判断和战略部署,对我省生态环境保护工作意义重大、影响深远,需要深刻认识、准确把握。

进入新发展阶段,我省生态环境保护工作面临新形势。新发展阶段就是我国在全面建成小康社会,实现第一个百年奋斗目标后,乘势而上开启全面建设社会主义现代化国家新征程,向第二个百年奋斗目标进军的阶段,对于海南自由贸易港建设而言,是打造开放型经济新高地、全面建成具有较强国际影响力的高水平自由贸易港、实现历史性飞跃的重要阶段。对于海南生态环境保护事业而言,是奋力实现生态环境质量居于世界领先水平、打造美丽中国靓丽名片的阶段。"不谋万世者,不足谋一时;不谋全局者,不足谋一域。"我省要在这个历史方位中,在自由贸易港建设的大局中,找准坐标和定位,锚定目标和方向,扛起肩负的使命和责任。

"十三五"期间我省生态环境保护工作取得了显著成就，但也要清醒地看到，我省生态环境质量对表对标 2035 年远景目标仍有较大差距，区域性、结构性污染问题依然存在。环境空气质量在全球排名并不靠前，冬春季节污染天气时有发生。农业面源和水产养殖污染问题突出。农村污水治理效能亟待提高。城镇污水管网底数不清，污水收集能力总体不高。城镇内河湖改善成效尚不稳固，长治久清还需突破"瓶颈"。个别河湖水质改善程度不明显，甚至不升反降。部分重点流域生态流量保障不足。危险废物处置能力存在结构性缺口。应对气候变化、生物多样性保护、海洋生态环境保护等更广泛领域的治理基础还很薄弱。立足新发展阶段，海南生态环境保护面临"创一流"和"补短板"的双重任务。

贯彻新发展理念，对我省生态环境保护工作提出新要求。党的十八大以来，党中央对经济形势不断进行科学判断，强调要贯彻新发展理念，推动高质量发展。对于生态环境保护工作而言，贯彻新发展理念，推动高质量发展，就是要加快推动经济社会发展全面绿色转型，全方位、全过程推行绿色规划、绿色设计、绿色投资、绿色建设、绿色生产、绿色流通、绿色生活、绿色消费，使发展建立在高效利用资源、严格保护生态环境、有效控制温室气体排放的基础上，统筹推进高质量发展和高水平保护。这是解决我国资源环境生态问题的基础之策，也是海南推动生态环境质量和资源利用效率迈上新台阶的根本之道。碳排放达峰目标、碳中和愿景的提出，对生产生活体系全面向绿色低碳转型提供了新的契机。近年来我省"清洁能源岛"建设虽取得积极成效，但无论装机比重还是消费比例，以煤为主的化石能源仍然占主导地位。要以"降碳"为总抓手，牵引产业结构、能源结构和交通运输结构加快绿色低碳转型，实现降碳、减污、增绿协同增效。

服务和融入新发展格局，呼唤我省生态环境保护战线新作为。加快构建以国内大循环为主体、国内国际双循环相互促进的新发展格局，是党的十九届五中全会以及《中华人民共和国国民经济和社会发展第十四个五年规划和 2035 年远景目标纲要》（以下简称《"十四五"规划纲要》）提出的一项关系我国发展全局的重大战略任务，需要从全局高度准确把握和积极推进。《"十四五"规划纲要》对构建新发展格局作出新部署，对生态环境保护作出新要求，如在提升产业链供应链现代化水平方面，要求推动传统产业绿色化；在发展战略性新兴产业方面，要求加快壮大绿色环保等产业；在拓展投资空间方面，要求加快补齐生态环境保护领域短板；在完善宏观经济治理方面，要求就业、产业、投资、消费、环保、区域等政策要紧密配合，首次将环保列入。此外，在实施乡村建设行动、构建国土空间开发保护格局、确保国际经济安全、保障人民生命安全等方面都有任务要求。2020 年底召开的中央经济工作会议，围绕构建新发展格局，部署八个方面重点任务，其中碳排放达峰、碳中和为重要任务之一。构建新发展格局，生态环境保护应有作为、大有可为。对我省而言，充分发挥自由贸易港政策、背靠超大规模国内市场和腹地经济等优势，吸引境外高端购物、医疗、教育等消费回流，成为扩大国内消费的重要战略支点，优良的生态环境是不可或缺的重要保障。

第二章 锚定"两个领先"，明确发展目标

第一节 指导思想

高举中国特色社会主义伟大旗帜，深入贯彻党的十九大和十九届二中、三中、四中、五中全会精神，坚持以马克思列宁主义、毛泽东思想、邓小平理论、"三个代表"重要思想、科学发展观、习近平新时代中国特色社会主义思想为指导，深入贯彻落实习近平总书记对海南系列重要讲话和重要指示批示精神，深入践行习近平生态文明思想，立足新发展阶段，贯彻新发展理念，构建新发展格局，落实海南建设中国特色自由贸易港战略部署，紧扣推动高质量发展主题，锚定生态环境质量和资源利用效率世界领先目标，以降碳为重点战略方向，坚持生态优先、绿色发展、系统治理，着力补短板、强长项，推动减污降碳协同增效，全面提升生态环境治理体系和治理能力现代化水平，国家生态文明试验区建设走在全国前列，为高质量高标准建设中国特色自由贸易港提供坚实的生态环境基础，为打造人与自然和谐共生的美丽中国海南样板奠定基础。

第二节 战略定位

锚定"两个领先"目标，坚持改革创新，着力打造生态文明建设样板区、绿色低碳循环发展先行区、生态环境质量标杆区、陆海统筹保护发展实践区、"绿水青山就是金山银山"转化实践试验区、生态环境治理能力现代化示范区，建设人与自然和谐共生的美丽中国海南样板，让海南成为中国向世界展示习近平生态文明思想实践成果的重要窗口。

——**生态文明建设样板区**。结合我省全面深化改革开放，加快建设海南自由贸易港的总体要求，构建以巩固提升生态环境质量为重点、与海南自由贸易港定位相适应的生态文明制度体系，生态文明建设形成海南样板。

——**绿色低碳循环发展先行区**。全面落实国家对碳排放达峰和碳中和的总体部署，把碳排放达峰和碳中和纳入国家生态文明试验区建设的整体布局，以降碳作为源头治理的总抓手，实施减污降碳协同治理，推动海南经济社会发展全面绿色转型，促进经济发展质量和生态环境质量"双提升"，建设绿色低碳循环发展先行区。

——**生态环境质量标杆区**。坚持精准、科学、依法、系统治污，聚焦精准治污的要害、夯实科学治污的基础、增强依法治污的保障，统筹系统治污的合力，深入打好污染防治攻坚战，建立完善的生态环境质量巩固提升机制，建设生态环境质量世界一流的海

南自由贸易港。

——**陆海统筹保护发展实践区。**结合海南"多规合一"改革实践和海南资源优势，立足海洋大省地位，强化陆海规划统筹、陆海功能协调、陆海标准衔接、陆海治理同步以及陆海执法督察协同，形成"水陆统筹、以水定陆；陆海统筹、以海定陆"管理体系，构建陆海统筹保护发展新机制。

——**"绿水青山就是金山银山"转化实践试验区。**建立健全生态产品价值实现机制，协同推进生态文明建设、乡村振兴、生态产业化、产业生态化，分领域、分区域、分行业开展生态产品价值实现路径设计，努力将海南的青山绿水、碧海蓝天蕴含的生态产品价值转化为实实在在的经济效益、社会效益。

——**生态环境治理能力现代化示范区。**建立健全适应海南自由贸易港建设发展需求的生态环境法规标准体系，完善以绿色发展为导向的评价考核体系和责任追究体系，提升生态环境基础设施支撑保障能力、风险防范与化解能力、监测与科研能力，大力提升治理体系和治理能力现代化水平。

第三节 主要目标指标

展望 2035 年，生态环境质量、资源利用效率、生态环境治理能力居于世界领先水平，海南成为在国际上展示我国积极参与全球气候变化和生态文明建设成果的靓丽名片。

到 2025 年，生态环境质量持续保持全国领先水平，整体补齐生态环境领域基础设施短板，生态文明制度更加完善，推动经济社会发展全面绿色转型，生态文明领域治理体系和治理能力现代化水平明显提高，建成空气清新、水体洁净、土壤安全、生态良好、人居整洁的美丽海南。

——**绿色低碳循环发展水平不断提升。**国土空间开发保护格局、产业结构布局持续优化，绿色发展内生动力进一步增强，能源供给更加清洁，能源资源配置更加合理、利用效率大幅提高，单位地区生产总值能耗、用水量和碳排放量进一步降低，争当降碳工作"优等生"，简约适度、绿色低碳的生产生活方式加快形成。

——**生态环境质量持续保持全国领先。**污染防治水平不断提升，主要污染物排放总量持续减少。环境空气质量稳步提升，细颗粒物（PM$_{2.5}$）年均浓度力争达到 11 微克/米^{3}以下。水环境质量改善明显，海洋生态环境质量稳中向好，水生态恢复成效明显，全面消除省控地表水劣V类水体和城市黑臭水体。

——**生态系统质量和稳定性稳步提升。**实施生态系统保护与修复工程，森林、河湖、湿地、海洋生态系统质量明显提升，自然生态系统实现良性循环，陆海统筹的生态安全格局更加牢固；特有野生动植物及其栖息地得到全面保护，生物多样性保护成效更加巩固；生物安全与生态风险防范水平显著提升，优质生态产品供给能力全面提高。

——**环境安全有效保障**。布局完整、运行高效、支撑有力的环境基础设施基本建成，土壤安全利用水平稳步提升，固体废物与化学物质环境风险防控能力明显增强，核与辐射安全监管继续加强，环境风险得到有效管控，城乡人居环境健康安全得到有效保障。

表 1 海南省"十四五"生态环境保护规划主要指标

序号	指标	2020 年现状值	2025 年目标值	五年累计	指标属性
（一）绿色低碳发展					
1	单位地区生产总值能源消耗降低（%）	[12.1]	—	[15]	约束性
2	单位地区生产总值二氧化碳排放降低（%）	[24] △	—	[N+5]	约束性
3	非化石能源占一次能源消费比例（%）	18.9	22 左右	—	预期性
4	可再生能源占一次能源消费比例（%）	7.5	14 左右	—	预期性
5	单位地区生产总值建设用地使用面积降低（%）	—	完成国家下达目标	—	预期性
6	单位地区生产总值用水量降低（%）	[25.45]	—	完成国家下达目标	约束性
（二）优美生态环境					
7	市县环境空气质量优良天数比例（%）	99.5	保持稳定	—	约束性
8	市县细颗粒物（$PM_{2.5}$）年均浓度（微克/米^3）	13	11	—	预期性
9	臭氧第 90 百分位数浓度（微克/米^3）	105	保持稳定	—	预期性
10	地表水达到或好于Ⅲ类水体比例（%）	90.1	95	—	约束性
11	地表水质量劣Ⅴ类水体比例（%）	0.7	0	—	约束性
12	城市黑臭水体比例	地级市城市建成区基本消除	市县城市建成区基本消除	—	预期性
13	地下水质量Ⅴ类水比例（%）*	10.3★	完成国家下达目标	—	预期性
14	近岸海域水质优良（一、二类）比例（%）	99.9	保持稳定	—	约束性

序号	指标		2020年现状值	2025年目标值	五年累计	指标属性
15	氮氧化物、挥发性有机物排放量减少（%） 化学需氧量、氨氮排放量减少（%）		完成国家下达目标	完成国家下达目标	—	约束性
（三）良好生态系统						
16	生态保护红线占国土面积比例（%）	陆域	—	与国家批复一致	—	约束性
		海域	—	与国家批复一致	—	
17	生态质量指数（EI）		80.91★	稳中有升	—	预期性
18	森林覆盖率（%）		62.1	62.1	—	约束性
19	海南岛自然海岸线保有率（%）		—	＞60	—	约束性
20	化学农药施用量减少比例（%）		[50.41]	—	[15]	预期性
21	化肥施用量减少比例（%）		[68.61]	—	[15]	预期性
（四）环境安全保障						
22	城镇生活污水集中收集率（%）		—	海口市、三亚市70%，其他市县提高[N+2]	—	预期性
23	农村生活污水治理率（%）		42.8	90	—	预期性
24	受污染耕地安全利用率（%）		88.2	93左右	—	预期性
25	污染地块安全利用率（%）		100	100	—	预期性
26	放射源辐射事故年发生次数（起）		0	0	—	预期性

说明：1. △ 2019年比2015年降低率。

2. ＊ 国家地下水监测评价点位中，水质为V类的点位所占比例。

3. ★ 根据新的计算方法初步计算结果。

4. N+5，N+2是指比国家下达目标分别多5个和2个百分点。

5. [ ]表示五年累计。

第三章 坚持高质量引领，推动绿色低碳循环发展

坚持节约优先、保护优先、绿色发展，统筹自然资源开发与生态保护，优化国土空间布局，构建绿色低碳循环经济体系，提高资源能源利用效率，培育绿色新动能，促进经济社会发展全面绿色低碳转型。

第一节 优化国土空间开发格局

强化国土空间用途管制。深化"多规合一"改革，完善国土空间规划体系，科学有序统筹布局生产、生活、生态空间，推进国土空间格局更加优化。立足资源环境承载能力，完善"三线一单"生态环境分区管控体系，强化"三线一单"在调整产业结构、规划产业发展、推进城镇化、强化执法监管等方面的应用，严格控制"两高一资①"项目发展。加强国土空间保护与开发，强化底线约束，逐步建立差异化自然生态空间管控措施，保持自然生态空间生态系统总体稳定。

推进绿色城镇化发展。科学规划城镇空间的产业与人口布局，提升绿色城镇化建设水平。坚持保护原生态自然景观与传承历史文化并重，实现适度集聚集约发展。坚持"以人为本"，优化城市内部功能结构，打造一批体现海南特色热带风情的绿色精品城镇。实施城市更新计划，考虑气候承载力，逐步构建系统完备、高效实用、智能绿色、安全可靠的现代化基础设施体系，积极应对热岛效应和城市内涝，逐步解决城镇防洪和排水防涝、饮水安全、污水处理、河湖治理等问题。总结海口、三亚海绵城市建设经验，系统推进海绵城市建设，大幅提升降雨的就地消纳和利用水平。鼓励有条件市县开展韧性城市、园林城市建设。加强城市（镇）声环境功能区管理，强化城市（镇）噪声敏感建筑物等重点领域噪声管控，营造宁静和谐的生活环境。

强化美丽乡村建设规划引领。统筹城镇和村庄规划建设，通盘考虑土地利用、产业发展、居民点建设、人居环境整治、生态保护、防灾减灾和历史文化传承。积极有序推进"多规合一"实用性村庄规划编制，有需求、有条件的村庄做到应编尽编，科学划定养殖区域，规范开展全域土地综合整治，合理安排好乡村生产、生活、生态空间。村庄规划编制应当体现椰风海韵、热带雨林、黎苗特色、南洋文化等乡村特色风貌。

第二节 构建绿色低碳循环经济体系

健全绿色低碳循环发展的生产体系。大力发展旅游业、现代服务业、高新技术产业和热带特色高效农业等现代化产业，建立开放型生态型服务型产业体系。鼓励企业开展绿色设计、选择绿色材料、实施绿色采购、打造绿色制造工艺、推行绿色包装、开展绿色运输、做好废弃产品回收处理，实现产品全周期的绿色环保。实施能源资源的综合利用和梯级利用。推动现有制造业向智能化、绿色化和服务型转变。建设生态循环农业示范省，促进农业绿色发展转型，鼓励发展生态种植、生态健康养殖，加强绿色食品、有

---

① 两高一资：高耗能、高污染和资源性。

机农产品认证和管理。统筹生态旅游开发与生态资源保护，依托海南特有的热带海岛旅游资源优势，推动生态型景区和生态型旅游新业态新产品开发建设，构建以观光旅游为基础、休闲度假为重点、文体旅游和健康旅游为特色的生态旅游产业体系。发展全生物降解、清洁能源装备等生态环保产业，推动低碳循环、治污减排、监测监控等核心环保技术工艺、成套产品材料药剂研发与产业化。

提升产业园区和产业集群循环化水平。科学编制新建产业园区开发建设规划、修编既有产业园区开发建设规划，依法依规开展规划环境影响评价与碳排放评估，严格环境准入。推进既有产业园区循环化改造，推动公共设施共建共享、能源梯级利用、资源循环利用和污染物集中安全处置。鼓励洋浦经济开发区（含东方临港产业园、临高金牌港产业园）、海南老城经济开发区、海口国家高新技术产业开发区等开展资源综合利用示范工程，建设电、热、冷、气等多种能源协同互济的综合能源项目。开展清洁生产示范园区创建活动，推进重点园区开展清洁生产工作。推动昌江清洁能源产业园建设。支持洋浦经济开发区创建世界一流绿色低碳循环园区。

建立绿色低碳循环发展的流通体系。调整优化运输结构，打造绿色物流。推广绿色低碳运输工具，港口和机场服务、城市物流配送、邮政快递等领域优先使用清洁能源汽车。加大推广绿色船舶示范应用力度。鼓励发展智慧仓储、智慧运输。加强再生资源回收利用，落实生产者责任延伸制度，引导生产企业建立逆向物流回收体系。建立健全新能源车动力蓄电池回收利用体系。鼓励流通环节减量包装、使用可降解包装，加快推进快递业绿色包装应用。建立绿色贸易体系，积极优化贸易结构，大力发展高质量、高附加值的绿色低碳产品贸易。

构建绿色低碳循环发展的消费体系。加强绿色产品和服务认证管理，完善认证机构信用监管机制。加快推进绿色产品标准、认证和标识体系建设，推动绿色产品采信，加大绿色产品体系宣传，规划市场行为监管。推广绿色电力证书交易。

完善环境价格政策。统筹市场供求、生态环境损害成本和修复效益等因素，完善资源价格形成机制。建立健全使用者付费制度，完善城市污水、生活垃圾、危险废物、医疗废物、放射性废物集中处置收费制度，逐步推进农村污水、垃圾处理收费制度。推广环境污染第三方治理，推进污染治理和环境保护基础设施建设市场化运营机制。逐步完善峰谷分时电价政策和天然气发电上网电价政策，继续实施居民阶梯电价、气价制度。深化水资源配置改革，开展流域用水总量控制试点，全面实行阶梯式水价制度，探索建立中水回用和再生水利用激励机制。

推进绿色金融改革。发展绿色信贷，建立符合绿色产业和项目特点的信贷管理与监管考核制度，支持银行业金融机构加大对绿色企业和项目的信贷支持。推动绿色资产证券化。鼓励社会资本设立各类绿色发展产业基金，参与节能减排降碳、污染治理、生态修复和其他绿色项目。落实环境保护税、环境保护专用设备企业所得税、第三方治理企业所得税、污水垃圾与污泥处理及再生水产品增值税返还等税收优惠政策。

第三节 全面提高能源资源利用效率

提升节能降耗水平。坚持节能优先方针，深化工业、建筑、交通领域和公共机构节能，推动 5G、大数据中心等新兴领域能效提升。深入开展能源审计和能效达标对标活动，实行能源利用状况报告制度，建立企业能源管理体系。继续推广合同能源管理，实施节能改造。加强重点用能单位节能管理，加快推动能耗在线监测系统建设与数据应用。持续做好公共机构节约能源资源工作，实施节能改造，创建节约型机关。

节约集约利用土地资源。严守耕地保护红线，严格保护耕地特别是永久基本农田。推动土地节约集约利用，严格控制建设用地规模，强化新增建设用地管理。加大城镇存量建设用地挖潜力度，清理处置批而未供和闲置土地。拓展建设用地新空间，引导和鼓励建设项目利用废弃地。推进绿色矿产开发。加强对矿山损毁土地、空心村、砖瓦窑场和农村集中搬迁等土地的复垦。

高效利用水资源。坚持节水优先，以水而定、量水而行，实施最严格的水资源管理制度，控制水资源消耗总量和消耗强度。全面实施节水行动，将可利用水量逐级分解到不同行政区域，严控区域、行业用水总量和强度，强化用水指标刚性约束。实施水效领跑和节水认证，通过标准引导和政策激励，提高全社会水效水平。突出加强农业节水增效，加大大中型灌区节水改造力度，完善用水计量设施，发展适水种植和高效节水灌溉。加强工业节水减排，支持企业开展节水技术改造，积极推广水循环梯级利用，推动实现企业间的用水系统集成优化。推进县域节水型社会达标建设，开展节水型城市、节水型高校、节水型企业、节水型机关等创建活动。

第四节 建立健全生态产品价值实现机制

建立生态产品调查监测机制。构建自然资源统一调查监测评价体系，加快推进自然资源统一确权登记。加快构建分类科学的自然资源资产产权体系。开展全民所有自然资源资产所有权委托代理机制试点，明确自然资源资产产权主体。建立健全自然资源资产损害赔偿和责任追究机制，深入推进覆盖各类、全民所有的自然资源资产有偿使用制度，健全自然资源资产监管体系。开展生态产品信息普查，摸清各类生态产品数量、质量等底数，形成生态产品目录清单。建立生态产品动态监测制度，及时跟踪掌握生态产品数量分布、质量等级、功能特点、权益归属、保护和开发利用情况等信息。

建立生态产品价值评价机制。在自然资源统一调查确权登记工作的基础上，探索构建海南热带岛屿生态系统生态产品价值核算体系和核算规范，形成定价方法和定价机制。分领域、分区域、分行业开展生态产品价值核算和评估。加快推进热带雨林国家公园生态系统生产总值（GEP）核算及应用。探索将生态产品价值核算结果作为领导干部自然资源资产离任审计的重要参考。

建立生态产品经营开发机制。加大生态产品宣传推介力度，提升生态产品的社会关注度，扩大经营开发收益和市场份额。各市县依托地区独特的自然禀赋，推动生态优势转化为产业优势，拓展生态产品价值实现模式。加快培育生态产品市场经营开发主体，盘活废弃矿山、古旧村落等存量资源。开发生态贷款等绿色金融产品，实现"生态+金融"的生态产品价值。

建立多元化的生态保护补偿机制。实施《海南省生态保护补偿条例》，完善市场化多元化生态保护补偿机制，鼓励各类社会资本参与生态保护修复。完善生态保护成效与财政转移支付资金分配相挂钩的生态保护补偿机制，统筹将生态产品价值核算结果作为重点生态功能区转移支付资金分配参考因素。完善森林、湿地生态保护补偿制度。在南渡江、万泉河、昌化江等 500 平方公里以上流域开展横向生态保护补偿，实行市县间横向补偿与省级资金奖补相结合的补偿机制。鼓励流域上下游通过资金补偿、产业扶持等多种形式开展横向生态保护补偿。

创建生态产品价值转化实践基地。鼓励各市县在严格保护生态环境前提下，围绕生态旅游、热带特色高效农业、休闲康养、打造特色鲜明的生态产品区域公共品牌等多样化模式和路径，科学合理推动生态产品价值实现，探索生态产品价值实现模式，形成推广经验，到2025年创建 3～5 个样板基地，以点带面，推动建立健全生态产品价值实现机制。

专栏 1 生态产品价值转化

（一）建设生态产品价值评价体系

探索建立不同类型生态系统生态产品价值评价体系，分领域、分区域、分行业核算生态产品价值，搭建生态产品价值评价基础数据库。

（二）打造生态产品价值实现机制示范基地

巩固昌江黎族自治县王下乡"绿水青山就是金山银山"实践创新基地实践成果，鼓励省内生态环境优势突出、生态环境保护工作基础好的市县、乡镇、村、流域积极申报国家"绿水青山就是金山银山"实践创新基地。以五指山市、琼中黎族苗族自治县、保亭黎族苗族自治县、白沙黎族自治县等中部山区市县为重点，开展生态产品价值总量核算，基于区域生态环境优势与产业发展需求，探索"绿水青山就是金山银山"转化路径，创建生态产品价值实现机制示范基地。

第四章 坚持高效能降碳，主动落实"双碳"目标

面向碳排放达峰目标、碳中和愿景，实施积极应对气候变化战略，全面融入生态文明建设整体布局，协同推进应对气候变化与环境治理、生态保护修复，降低碳排放总量和强度，主动落实"碳排放达峰"和"碳中和"目标。

第一节 开展碳排放达峰行动

制定碳排放达峰行动方案。按照积极、可行的原则，扎实做好碳排放达峰、碳中和各项工作，争当降碳工作"优等生"，为碳中和打好基础。开展全省碳排放达峰目标任务分解，指导各市县制定地方碳排放达峰行动方案，支持有条件的市县率先实现碳中和。加大对企业低碳技术创新的支持力度，推动电力、石化、化工、水泥、交通等领域制定碳排放达峰专项行动方案。提前部署碳中和发展战略，开展高质量建设碳中和自由贸易港战略研究。

建设清洁能源岛。构建安全、绿色、集约、高效的低碳清洁能源生产消费体系。严格控制煤炭消费，禁止新增煤电项目，大力推进散煤治理。到 2025 年，煤炭消费比重保持在 18%以下。有序发展气电，优化气电空间布局，推广冷热电三联供分布式能源站，降低发电用电成本。安全发展核电，加快推进昌江核电二期建设，新增核电 132.5 万千瓦，配套发展抽水蓄能。积极发展可再生能源，因地制宜发展太阳能、水能、风能、地热能、海洋能、氢能、生物质能等，新增可再生能源发电装机约 500 万千瓦。探索将可再生能源生产的氢能用于工业、交通、建筑等领域。到 2025 年，清洁能源装机比重提升至 82%。

推动交通绿色低碳化。积极调整运输结构，加快大宗货物和中长途运输"公转铁①""公转水②"，大力发展铁路专用线。大力推广清洁能源汽车，到 2025 年，力争实现党政机关及国有企事业单位公务用车，以及公交、巡游出租等领域车辆全面清洁能源化；轻型物流配送车、城市环卫车、网约车、旅游车等社会运营领域车辆清洁能源比例不低于 80%；启动燃油汽车进岛管控时间表研究，岛内逐步禁止销售燃油汽车。探索开展氢燃料汽车示范应用。加强新能源汽车充换电、加氢站等配套基础设施建设，到 2025 年，省内充电基础设施总体车桩比小于 2.5：1。关注国际航空碳抵消与减排机制、国际航运业碳减排机制，提高燃油效率，探索建设使用生物质燃料的低碳船舶，推广使用生物航油的绿色航班。

---

① 公转铁：公路转铁路。
② 公转水：公路转水路。

加速建筑碳中和进程。全面推进超低能耗、近零能耗和零能耗等绿色低碳建筑发展。指导各市县新建建筑全面实施绿色设计标准，结合城镇老旧小区改造推动既有居住建筑节能节水改造。开展公共建筑能效提升，推广合同能源管理，建立完善运行管理制度。推进光伏建筑一体化建设。大力推广装配式建筑，到2025年，具备条件的新建建筑原则上全部采用装配式方式进行建造。持续推进城乡用能方式变革，建设电网友好型建筑，合理配置储能系统，推广智能楼宇、智能家居、智能家电。

第二节 主动适应气候变化

提高社会发展气候韧性。探索建设覆盖全岛的气候变化影响评估系统。研究制定海平面上升风险图，科学评估海平面上升对国土空间格局、沿海地下水资源、海岸防护能力、滨海生态系统和旅游资源的影响程度与范围。开展气候变化对人体健康和典型生态系统的脆弱性与风险分析。加强对热带雨林国家公园、湿地公园、度假海岛等受气候变化威胁的旅游资源保护，增强旅游业适应气候变化能力。根据海平面上升幅度与海洋灾害预警，提升沿海基础设施防灾标准与防洪排涝能力，推进海堤生态化改造，打造适应气候海岸线。

推动蓝碳[①]资源保护与利用。制订蓝碳行动计划，推动蓝碳方法学研究与利用，建立健全蓝碳统计调查与监测体系，开展红树林、海草床、珊瑚礁、海洋牧场等典型蓝碳生态系统碳储量及碳汇动态的科学监测和分析。持续推动海口市蓝碳试点工作，将海口市打造成全国乃至全球具有影响力的蓝碳示范区。探索开展蓝碳交易示范，通过碳市场、碳普惠以及碳中和活动等方式提升蓝碳价值。基于自然的解决方案，继续加强海岸带、珊瑚礁、红树林等生态系统生态修复，推动海洋及海岸带生态系统生态保护修复与适应气候变化协同增效。

强化陆地生态系统碳汇建设。开展陆地生态系统碳汇机制研究与开发，摸清林业碳汇分布及增汇路径和潜力。协同推进生物多样性保护、山水林田湖草系统治理等相关工作，提升生态系统质量和稳定性。通过不断提升陆地生态系统碳汇增量，为实现碳中和愿景发挥重要作用。

提升生态农业碳汇。推进农业提质增效，大力推进农业生态技术、绿色技术和增汇型技术研发和推广应用，实现产业健康持续发展，推动耕地质量保护与提升，不断提升生态农业碳汇。

---

① 蓝碳：即海洋碳汇，是利用海洋活动及海洋生物吸收大气中的二氧化碳并将其固定在海洋中的过程、活动和机制。

第三节 提升气候治理能力

建立碳排放总量控制与评估制度。将碳排放影响评估融入规划环境影响评价和建设项目环境影响评价，统筹调配使用碳排放指标。发挥碳排放的绿色标尺作用，引导社会资金投向能效水平高、碳排放水平先进的行业领域。推动碳评与能评、排污许可等管理制度的统筹融合，夯实碳评制度运行的基础，探索形成相关制度创新案例。

加强碳中和基础能力建设。完善温室气体排放统计核算体系，推动建立企业温室气体排放信息披露制度。以碳中和为目标导向，研究制定低碳科技发展战略，加强应对气候变化科技前沿探索与创新实践。积极融入海南自由贸易港高新技术产业发展，在能效提升、新能源、海水淡化、储能、碳捕获收集与利用、动力电池回收利用等领域开展技术创新研发。创新气候投融资机制，建立气候投融资项目库。发挥海南自由贸易港跨境资金自由流动的便利性，引进国际资金和境外投资者参与气候投融资活动，将海南打造为跨境气候投融资窗口。

优化碳市场减排效应。发挥市场机制优化配置碳排放空间资源的作用，有效引导资金流向低碳发展领域，倒逼能源消费和产业结构低碳化。积极参与全国碳排放权交易市场，建立健全配额分配方法与标准、核算核证、奖惩机制、监管体系等机制。在符合国家气候外交整体战略的前提下，探索依法合规在海南设立国际碳排放交易场所。

专栏 2 积极应对气候变化

（一）应对气候变化基础能力建设

完善温室气体排放统计和核算体系。建设应对气候变化综合管理平台。开发生态系统碳汇方法学，掌握碳汇资源现状。在工业、建筑、交通等重点领域制订碳排放达峰行动计划。

（二）碳减排重点工程

在洋浦、澄迈等地开展碳捕集封存、运输和利用的一体化示范项目。在临高金牌港产业园、海口江东新区建设零碳建筑。在海口江东新区、三亚崖州科技城、博鳌乐城国际医疗旅游先行区等区域因地制宜开展近零碳排放示范区建设。在洋浦经济开发区和海南老城经济开发区建设绿色低碳工业园区，探索区域绿色低碳发展的有效路径。推广清洁能源汽车，建设世界新能源汽车体验中心。建设碳普惠推广与应用工程，建立以商业激励、政策鼓励和碳减排量交易相结合的正向引导机制。

（三）清洁能源岛建设

建设分布式综合能源站。建设光伏、海上风电、生物质发电项目，提高可再生能源占比。

（四）海洋生态系统碳汇能力建设

开展海洋生态系统碳汇本底调查。推进红树林及海草床生态系统保护修复与碳汇开发耦合工程，探索增汇途径。开展基于碳中和的海洋生态系统保护修复理论研究。建设红树林及海草床等海洋生态系统应对气候变化项目试点及示范区。开展蓝碳交易方法学及机制研究。构建面向东南亚的蓝色碳汇交易平台。

（五）应对气候变化与生态环境保护协同增效

在中部山区建设碳中和示范区。开展空气质量达标与碳排放达峰"双达"试点。建设农业生态增汇工程。推动绿色高效制冷示范项目，加速淘汰氢氯氟碳化物制冷剂。开展甲烷等非二氧化碳温室气体深度减排示范工程，实现减污降碳协同效应。

第五章 坚持高协同联动，建设陆海统筹保护发展实践区

坚持陆海规划统筹、功能协调、环境质量标准衔接，以"美丽海湾"为总抓手，建设"碧海蓝天、洁净沙滩"的美丽海洋，提升公众临海亲海的幸福感，建设陆海统筹保护发展实践区。

第一节 强化陆海统筹保护与发展

加强陆海空间规划统筹。探索统筹陆海资源配置、产业布局的有效路径。以海洋经济中长期规划为基础，科学评价资源环境承载能力及海洋空间开发适宜性，科学有序开发利用海洋资源，优化近岸海域保护和开发布局。强化陆海协同的生态空间管控，以海岸线为轴，充分考虑河口区域，研究划定海陆衔接的空间管控单元，建立差别化管控措施。

严格保护自然海岸线。优化海岸带生产、生活和生态空间布局，实施最严格的围填海管控和海岸线开发管控制度，除国家重大战略项目外，全面停止新增围填海项目审批，切实扭转"向海索地"。科学处理围填海历史遗留问题。严控无居民海岛自然海岸线开发利用。

第二节 建立陆海统筹保护管理体系

构建陆海统筹的生态环境质量评价基础。建立健全陆海统筹的生态环境规划、标准和监测评价体系，研究出台陆海衔接的监测技术规范和评价标准。建设统一的天地空全方位监测网络。整合分散在各部门的陆海环境信息，实施陆海监测信息共享，构建陆海统筹的监管基础。

建立"水陆统筹、以水定陆;陆海统筹、以海定陆"管理体系。构建"流域—河口(海湾)—近海—远海"系统保护和污染防治联动机制。坚持统筹考虑流域自然资源禀赋、产业基础、发展潜力、水环境和海洋环境容量等主要因素,进一步推动陆域产业布局优化。划定全省流域海域管控单元,构建"地表水、地下水、海水"的水系统保护体系,统筹水陆、海陆、地上地下,系统推进水污染防治、水生态保护和水资源管理。建立"纳污水体—入河(海)排污口—排污管线—污染源"全链条管理体系。完善"湾长制"管理体系,强化与"河长制"管理体系衔接,建立健全海湾保护责任体系。

建立入海污染物总量控制制度。全面实施重点海域(海湾)污染物总量控制制度,拓展入海污染物排放总量控制范围,做好总量控制制度与排污许可制度衔接。以流域、海域保护目标和环境容量确定入河(海)排污口的氮、磷等主要污染物控制要求,科学确定标准,倒逼排河(海)污染整治力度提升,减少入河(海)污染物排放总量。

第三节　加强海洋生态系统治理与修复

加强陆源入海污染物控制。开展各类入海排污口的全面排查,系统开展入海排污口溯源整治,建立入海排污口动态信息台账。加强和规范入海排污口设置的备案管理,建立健全入海排污口的分类监管体系。持续开展入海河流消劣行动,加强文昌珠溪河、文教河等长期不达标入海河流综合治理。加强农业面源污染治理,制定激励政策推动流域范围内农业生产发展生态循环农业,进一步削减入海河流总氮总磷等的排海量。开展"一湾一策"精准治理,加快推进万宁小海,文昌清澜湾、冯家湾,海口东寨港,陵水新村湾、黎安港,儋州新英湾,澄迈边湾等重点海湾污染综合整治和生态修复。

加强海水养殖污染治理。编制海水养殖连片聚集区建设规划,以生态环境保护和资源持续利用为前提,合理确定养殖种类、模式和规模。积极发展生态健康养殖,建设海洋牧场,压缩围海养殖总量,推动海水养殖环保设施建设与清洁生产。严格管控海水养殖尾水排放,制定符合海南实际的养殖尾水排放标准,推广海水养殖尾水集中生态化处理,推行养殖尾水企业自行监测和监督性监测。

提升港口环境治理水平。推进港口、码头配套建设污水存储、垃圾以及固体散装货物残余接收暂存设施,完善区域污水管网、垃圾转运服务体系,提高含油污水、化学品洗舱水等接收处置能力及污染事故应急能力。到2025年,全省商港、渔港(中心渔港、一级渔港)所在地政府建立和推行船舶污染物接收、转运、处置监管联单制度。

推进海洋塑料垃圾治理。开展海洋塑料垃圾和微塑料污染现状调查及对海洋生态环境的影响评估。健全海上环卫制度,以海口、三亚、洋浦、文昌为试点区域全面启动海上环卫工作,推进岸滩和海漂垃圾统筹治理。

第四节　建设"美丽海湾"先行示范区

加强海洋生态系统保护与修复。加强海洋生态系统和海洋生物多样性保护，开展海洋生物多样性调查与观测，恢复修复红树林、海草床、珊瑚礁等典型生态系统，加大重要海洋生物资源及其栖息地保护力度，加强海洋各类保护地建设和规范管理，不断提升海洋生态系统质量和稳定性。

拓展公众亲海岸滩岸线。充分挖掘沿海市县适宜亲海区域，因地制宜拓展亲水岸滩岸线，最大程度增加自然岸线和生活岸线。实施亲海区域环境综合整治，开展砂质岸滩和亲水岸线整治与修复，清退非法、不合理的人工构筑物等，恢复海滩自然风貌。在公众亲海区域严格落实海岸建筑退缩线制度，禁止在退缩线内新建、改建、扩建建筑物及构筑物，切实保障亲海岸线的公共开放性。

分类、分批推进"美丽海湾"保护与建设。分类、分批建设"水清滩净、鱼鸥翔集、人海和谐"美丽海湾，到2025年，12个美丽海湾建设走在全国前列，形成美丽海湾建设、评估、宣传长效管理机制，全面带动和促进我省海洋生态环境持续改善提升。鼓励沿海各市县以"美丽海湾"为载体，申报国家"绿水青山就是金山银山"实践创新基地和生态文明建设示范市县。

专栏3　"美丽海湾"先行示范区建设

（一）重点海湾污染综合整治和生态修复

推进万宁小海，文昌清澜湾、冯家湾，海口东寨港，陵水新村湾、黎安港，儋州新英湾，澄迈边湾等重点海湾污染综合整治和生态修复。

（二）"美丽海湾"先行示范区建设

在铺前湾、三亚湾、海棠湾、亚龙湾、榆林湾、后水湾、峨蔓—鱼骨湾、木兰湾、博鳌港湾、小海潟湖、石梅湾、新村湾、香水湾、龙沐湾、北黎湾、感城港湾、棋子湾、博铺港湾及花场湾等海湾开展"美丽海湾"先行示范区创建。

第六章　坚持高精准治污，打造环境质量全国"标杆"

突出精准、科学、依法、系统治污，实施精细化环境污染治理，深入打好污染防治攻坚战，持续保持生态环境质量全国领先。

第一节　推进"三水①"统筹治理，建设"幸福河湖"

强化"三水"统筹管理。以水生态环境质量为核心，统筹水资源利用、水环境治理和水生态保护，修订海南省水功能区划，构建流域空间管控体系。统筹建立水资源、水环境和水生态监测评价体系，开展主要河流湖库水生态环境评价。实施流域生态环境资源承载能力监测预警管理，以市县或流域为单元开展水资源、水环境承载能力评价，建立水生态环境承载能力监测预警机制。坚持污染减排和生态扩容两手发力，系统实施流域生态环境综合治理，提高水生态保护治理目标的一致性和措施的协同性，持续改善水生态环境质量。

优化水资源配置。优化水资源配置和调度，坚持优水优用，优先满足城乡居民生活用水，兼顾农业、工业、生态环境用水等需要。加强大中型水库生态调度和智能化管理，合理压减农业、工业用水，增加生态用水。推动再生水、雨水等非常规水纳入水资源统一配置，因地制宜合理建设再生水利用设施，不断拓宽利用途径和方式，城乡绿化、观赏性景观、河湖湿地生态补水等优先使用再生水。全面开展主要河流减脱水状况和生态流量保障情况调查，优先制定南渡江、万泉河、昌化江和宁远河生态流量保障实施方案，分批制定主要河流生态流量保障方案，守住"河流不断流、生态功能不退化"的红线。到2025年，列入"十四五"海南省地表水环境质量监测网络的主要河流生态流量得到有效保障。

加强饮用水安全保障。坚持"全省一盘棋、全岛同城化"，按照"保质量、提安全度；减数量、增集中度"原则，全面系统科学规划，优先利用松涛水库、大广坝水库、牛路岭水库、红岭水库、迈湾水库、赤田水库等大型优质水源为主（备）水源地，推进全岛城乡一体化统筹供水。综合考虑自然禀赋、地形地貌、用水需求、污染源分布、技术经济条件等因素，科学论证农村水源地布局和取水口选址，限期取消"小、散"及本底水质不达标的水源地。单一水源供水城镇，应于2025年底前完成备用水源或应急水源建设。全面推进饮用水水源保护区规范化建设。建立健全从水源到水龙头的全过程监管制度，推行水厂到水龙头供水一体化管理模式，探索建立完善的全链条饮用水水质监督和风险预警平台。综合采取优质原水+深度水处理+优质供水管网等措施，有序推进海口江东新区、三亚中央商务区、三亚崖州科技城重点地区高品质饮用水设施建设，水质满足直饮要求。

精准推进水污染治理。统筹水资源、水生态、水环境，实施河流湖库全流域综合整治，系统推进工业、农业、生活等污染治理。按照"查、测、溯、治"原则，推进全省

---

① 三水：水资源、水环境和水生态。

入河排污口排查整治，建立"入河排污口—排污管线—污染源"全链条管理体系。全面实施工业污水达标排放。有序推进农业农村污染源治理，优化水产养殖空间布局，以水环境质量达标倒逼产业升级改造，建立淡水养殖取水、排污双许可制度。探索建立养殖投入品污染监管制度，开展抗生素、环境激素等新污染物同步监控及溯源工作。加强城镇生活污水收集管网改造及建设，提高生活污水有效收集处理率，减少生活污水进入河湖海的污染负荷总量。沿海市县合理利用海洋自然资源实施科学规范有序深海排放。重点推进文昌珠溪河、文昌文教河、东方罗带河、乐东望楼河等污染水体及不达标城镇内河湖综合治理，到 2024 年，全省全面消除省控地表水劣 V 类水体。到 2025 年，城镇内河（湖）水质稳定达标，水质明显改善；城市黑臭水体全面消除。

加强流域水生态修复。 按照"一河一策"制定主要河流水生态修复方案，划定与修复河湖生态缓冲带，保护与恢复土著鱼类和水生生物生境。开展南渡江、万泉河、昌化江及主要流域水生态本底调查，补齐空白，恢复流域水生生物栖息地及产卵场，开展流域水产种质资源库建设。推进南渡江水系廊道生态保护修复，建设松涛水库生态流量泄放设施和迈湾水库及下游过鱼通道等，改善流域水生生物生境。对万泉河重点河段进行生态化改造，修复美化河流自然岸线。巩固黑臭水体治理成效，提升城市内河湖水生态服务功能，实现水体长治久清。

打造"幸福河湖"。 深化河长制湖长制，开展"幸福河湖"创建行动，围绕生态旅游、乡村振兴、生态修复、特色文化等主题，以打造"景色宜人的幸福河湖、人水和谐的生态河湖、地域韵味彰显的特色河湖、传承共融的魅力河湖"为主要任务，通过软文化、硬环境的提升，建设生态自然优美、人文环境浓郁、人水和谐共生的热带河湖精品。到2025 年，全岛形成"一城一镇一条河（湖），一河（湖）一景一文化"格局，人民群众获得感、幸福感明显增强。

专栏 4　提升水环境质量

（一）饮用水水源保护

开展松涛水库、大广坝水库、牛路岭水库、红岭水库、赤田水库等若干优质水源全岛供水研究；深入开展全省水源地问题摸排整治、在用城市（镇）集中式饮用水水源和乡（村）镇集中式饮用水水源规范化建设。

（二）流域水环境治理

开展珠溪河、文教河、罗带河（含高坡岭水库）、东山河、三亚河、望楼河、铁炉溪、塔洋河、南罗溪、珠碧江（含珠碧江水库）、北门江、文昌江等流域水污染治理。

（三）城镇内河湖水污染治理

实施海口市、三亚市、儋州市、琼海市、定安县、昌江黎族自治县、乐东黎族自治县和陵水黎族自治县等城镇内河（湖）水污染治理工程。

（四）水资源优化调度

实施南渡江、万泉河、昌化江、宁远河生态流量保障工程。

（五）水生态修复

推进重点江河河段水生态保护修复与综合治理工程；实施水美乡村建设工程。

第二节 强化精细化管理，环境空气质量持续保持一流

建立大气污染防治精细化管理体系。 健全完善大气污染防治监测—研判—预警—响应全链条工作机制，推进大气污染精细化管控，到 2025 年细颗粒物（PM$_{2.5}$）力争达到 11 微克/米^3。将大气污染防治零散源纳入网格化管理，分区分片责任到人。加强环境空气质量预报预警，建立省级和市县污染天气应急响应机制，及时分级启动应急预案，开展重点时段、重点区域、重点行业大气污染管控。深入开展臭氧成因分析，持续动态开展大气污染来源解析，建立高分辨率大气污染源动态排放清单。推行"一市（县）一策"监管模式。

加强重点行业、领域大气污染精细化治理。 实行最严格的地方锅炉排放标准，推动现有燃气锅炉低氮改造和生物质锅炉超低排放改造。推动工业园区实施集中供热，淘汰集中供热范围内的分散供热锅炉。开展工业炉窑综合整治，全面淘汰不达标工业炉窑，推动工业炉窑使用电、天然气等清洁能源。加强对水泥行业的管控，推动水泥产业转型升级。深化水泥、石化、玻璃、火电、砖瓦等重点行业无组织排放整治。制定并发布本省低挥发性有机物含量产品目录，加快挥发性有机物原辅材料替代。严格执行槟榔加工行业污染物排放标准，疏堵结合推动槟榔初加工产业绿色环保升级。强化大气面源污染防治，规范化、精细化管控烟花爆竹燃放，深入开展城乡扬尘、餐饮油烟、垃圾及秸秆露天焚烧等面源污染治理。加强加油站、储油库、油罐车油气回收工作。持续深入开展移动源污染防治，修订出台机动车排气污染防治规定，全面实施机动车国六排放标准，加大机动车达标排放监管和执法力度。推动车船结构升级。加快港口、码头、机场岸电设施建设。加强禁止使用高排放非道路移动机械区域监管。

建立多污染物协同控制体系。 建立以细颗粒物（PM$_{2.5}$）和臭氧协同控制为核心，兼顾温室气体的大气污染防控体系，推进细颗粒物（PM$_{2.5}$）、臭氧、挥发性有机物、氮氧化物等主要大气污染物的协同控制和大气污染物与温室气体的协同减排。开展挥发性有机

物与氮氧化物协同减排，有效控制重点污染源和全社会挥发性有机物及氮氧化物排放总量。加强消耗臭氧层物质的生产、使用、进出口的监管，大力推动消耗臭氧层物质替代品技术开发与应用，坚决打击消耗臭氧层物质非法生产、非法贸易活动。强化有毒有害大气污染物风险管控。

专栏5　提升环境空气质量

（一）重点企业深度治理

开展重点企业中石化海南炼油化工有限公司码头及罐区挥发性有机物油气回收治理。推进洋浦经济开发区集中供热工程，淘汰集中供热范围内的分散供热锅炉。开展海南金海浆纸业有限公司、海南逸盛石化有限公司燃煤锅炉超低排放改造。

（二）移动源污染防治

实施港航岸电建设工程。推广地面电源。替代飞机辅助动力装置。车船结构升级改造。控制燃油车保有量，加大以电动汽车、节能汽车为主的清洁能源运输装备应用，扩大公交客运、出租客运、城市物流等公共服务领域新能源汽车应用规模，社会运营领域力争2025年实现清洁能源化。加快淘汰国三排放标准的柴油车、采用稀薄燃烧技术或"油改气"的老旧燃气车辆。

（三）面源污染防治

全面加强扬尘、餐饮油烟、槟榔熏烤、烟花爆竹的监管体系建设，有效控制面源污染。完善秸秆收储体系，推进秸秆综合利用。在定安、万宁、琼海、琼中、屯昌、陵水等槟榔主产区设立节能环保型槟榔烘烤技术与设备示范基地。推进海口、三亚建设集中喷涂工程中心。

（四）提升大气环境治理精细化能力

建立省一市（县）联动的大气污染源排放清单编制及定时更新机制，常态化开展省和市（县）排放清单编制及更新工作。

第三节　加强土壤环境保护，培育生存之基

强化土壤污染源源头管控。完善和动态更新土壤污染重点监管单位名录，将涉镉等重金属行业企业纳入大气、水污染重点排污单位名录，将土壤和地下水污染防治要求纳入排污许可管理。建立土壤污染重点监管单位、地下水重点污染源的土壤和地下水污染隐患排查整改制度。持续推进耕地周边涉重金属行业企业排查整治，动态更新污染源排查整治清单。切实加强尾矿库安全管理，降低矿区废物污染灌溉用水及随洪水进入农田的风险。

巩固提升农用地安全利用。优选集中连片的优先保护类农用地纳入永久基本农田保

护区。在永久基本农田集中区域，不得规划新建可能造成土壤污染的建设项目。落实农用地安全利用等级动态更新制度，评估农用地环境质量变化趋势，动态调整农用地土壤环境质量类别，定期更新食用农产品禁止生产区域，制定并落实全省耕地安全利用方案。严格限制曾用于生产、使用、贮存、回收、处置有毒有害物质的工矿用地复垦为食用农产品耕地。

强化建设用地准入管理。 完善建设用地环境准入管理制度，将地块土壤环境管理要求纳入国土空间规划和供地管理，符合相应规划用地土壤环境质量要求的地块，方可进入用地程序。动态更新污染地块管理系统地块名录，优化部门间建设用地环境污染风险信息共享机制，动态调整建设用地风险管控和治理修复名录。

有序推动土壤污染治理与修复。 在矿产资源开发区等区域周边开展耕地土壤污染修复和风险管控试点。分类有序推进建设用地土壤污染风险管控与修复，对用途变更为住宅、公共管理与公共服务用地的污染地块，严格落实风险管控和修复；对危险化学品生产企业搬迁改造遗留污染地块，加强腾退土地污染风险管控和治理修复；探索企业边生产边管控土壤污染风险模式。试点开展土壤生态环境健康观测研究。

推进地下水生态环境保护。 逐步推进化工园区、垃圾填埋场、尾矿库、矿山开采区等地下水生态环境状况调查评估。科学划定地下水污染防治分区，优先保护地下水源周边补给区，强化地下水污染源及周边风险管控。开展地下水污染治理和风险管控试点。开展地下水超采区综合监管，禁止超采区内工农业生产及服务业新增取用地下水。严控生态脆弱区以及存在海水入侵、盐碱化等问题区域的地下水取用水量。

专栏6　保障土壤生态环境质量安全

（一）土壤和地下水环境状况调查

以重点耕地、农产品超标区域耕地、化工园区、重要陆域输油管线周边等为重点开展土壤和地下水污染状况调查。

（二）风险管控与治理修复

以土壤污染重点监管企业和高风险地块为重点实施土壤和地下水的风险管控和治理修复。在部分市县实施耕地土壤安全利用与修复工程。

第四节　改善农业农村生态环境，建设美丽乡村

完善主体责任机制。 加强部门协调联动，整合涉农管理职责，统筹协调推进农村生态环境治理。夯实全省各级政府和部门的农村环境保护责任，明确乡镇企业和广大农民

群众在农村生态环境治理中的责任，构建覆盖政府、企业、农民的农村生态环境治理责任体系。推动农村生态环境治理标准建设，以农村环境监测、村容村貌提升、污水处理、河道整治、垃圾处理、厕所改造、村庄绿化等为重点，制定一批绿色标准。健全农村人居环境设施管护机制，创新农村生态环境保护基层自治管理模式。

系统推进农村生态环境治理。完善农村生态环境基础设施建设，以农村人居环境整治提升为核心，统筹推进农村生活污水治理与厕所革命、农村黑臭水体治理、生活垃圾分类和资源化利用、农户小散畜禽养殖整治等工作和工程建设。到 2025 年，生活垃圾分类工作取得初步成效，农村生活污水治理率达到 90%以上，农村黑臭水体整治比例达到45%以上，畜禽粪污综合利用率达到 90%以上。

强化农业面源污染防治。继续深入推广测土配方施肥和有机肥替代行动，积极发展绿肥，推广应用水肥一体化技术，减少化肥投入强度。加强植物病虫草害统防统治，大力推行绿色防控，加快植物源农药和肥料的研发应用步伐。推进畜禽粪污及养殖塘塘底底泥资源化利用，鼓励种养结合、农林结合，推动畜禽粪污、养殖池塘底泥肥料化利用。支持规模化养殖场发展沼气发电，沼渣沼液肥料化利用。加快海水养殖连片聚集区建设。开展水产养殖废水排放治理，大力推广生态健康养殖技术，到 2025 年，96%以上的工厂化养殖实现循环水利用、88%以上的池塘养殖达到工程化节水减排要求。在重要流域开展水产养殖"禁养区、限养区、养殖区"划定，有序适度科学发展养殖，让河流休养生息。以秸秆直接还田、秸秆青贮、堆腐还田为主要途径，推进秸秆全量资源化利用，到 2025 年，全省秸秆综合利用率达到 90%以上。建立农膜、农药包装废弃物等回收和集中处理体系，落实使用者妥善收集、生产者和经营者回收处理的责任，逐步降低农田残留地膜量，到 2025年，当季农膜回收率达到 80%以上，农药包装废弃物回收率达到 95%以上。

专栏 7 农业农村环境综合整治

（一）农业农村环境综合整治

推进农村人居环境整治示范村建设、农村公厕建设、户厕防渗漏改造、生活污水治理、黑臭水体治理以及畜禽粪污和秸秆综合利用。

（二）农药、化肥减量增效

补助扶持推广高效低毒生物农药、有机肥和水肥一体化技术，实施生态防控、绿色防控、统防统治和测土施肥项目，促进农药化肥减量增效。

（三）农药包装废弃物处置

在田间地头、村口和农药经销点合理规划布局农药包装废弃物回收箱（有害垃圾回收箱），提高农药包装废弃物回收处置能力。

第七章 坚持高水平保护，维护自贸港生态安全

坚持尊重自然、顺应自然、保护自然，推进山水林田湖草自然生态系统治理与保育，实施典型生态系统修复和生物多样性保护工程，强化生态保护监管，提升自然生态系统质量和稳定性，维护海南自由贸易港生态安全。

第一节 筑牢生态安全格局

完善生态安全屏障体系。落实国土空间规划，加强热带雨林、水源涵养林、沿海防护林、红树林、江河湖泊、自然湿地等自然生态空间保护和修复。推进国土绿化。完成生态保护红线评估调整和勘界定标工作。落实生态保护红线、永久基本农田、城镇开发边界及各类海域保护线监管。

构建以国家公园为主体的自然保护地体系。整合优化各类自然保护地，科学划定自然保护地范围及功能分区，构建以国家公园为主体、自然保护区为基础、各类自然公园为补充的自然保护地体系。严格管控自然保护地范围内人为活动，推进核心保护区内居民、耕地、矿权等人为活动有序退出。到 2025 年陆域自然保护地占海南岛陆域国土面积16.5%以上，海域自然保护地面积占海域国土面积 3.2%以上。

第二节 加强生物多样性保护

开展生物多样性基础调查。继续实施《海南省生物多样性保护战略与行动计划（2014—2030 年）》《海南岛中南部生物多样性保护优先区规划（2017—2030 年）》，加强生物多样性保护优先区域、重点领域、重要生态系统、珍稀濒危野生动植物的保护。开展海南岛及近岸海域生物多样性本底调查，基本建立覆盖陆海的生物多样性基础数据库和监管信息系统。针对公众熟知、社会关注度高的重要物种及生物遗传资源，开展系统调查、观测和评估，摸清本底情况、威胁因素、保护现状及其动态变化，形成重要物种评估报告和政策建议。

加强重点保护和珍稀濒危野生动植物保护。持续推进海南长臂猿、海南坡鹿、海南山鹧鸪、海南孔雀雉、坡垒、白木香、降香黄檀、野生稻、野生兰、水菜花、水蕨、野生猕猴桃等珍稀濒危野生动植物及极小种群物种及其栖息地、原生境的监测与恢复，建设珍稀濒危物种和重要遗传资源繁育基地或原生境保护点，恢复提升其野外种群数量。开展生物遗传资源和生物多样性相关传统领域调查、登记和数据库建设，健全生物遗传

资源获取与惠益分享管理制度,并争取纳入全国试点。启动建立珍稀濒危物种和重要遗传资源繁育基地,稳步推进全球动植物种质资源引进中转基地。到 2025 年,国家重点保护野生动植物物种保护率达到 95%以上。

加强生物安全管理。健全生物安全保障制度和管理体制,加强生物安全科技支撑。加强外来物种管控,建立海南外来入侵物种防治基础信息系统,开展海南外来入侵物种防治监测研究。开展外来入侵物种普查,建设外来入侵物种综合防控区,防控生物入侵。严防外来有害物种入侵,针对椰心叶甲、椰子织蛾、红火蚁、金钟藤、松材线虫、尼罗罗非鱼、福寿螺、水椰八角铁甲、刺桐姬小蜂和非洲大蜗牛、薇甘菊、水葫芦等林业、农业有害物种开展调查,完善防治的技术体系。加强动植物种质资源引进生物安全管理,制定全球动植物种质资源引进疫情应急处置预案及修订生物安全突发事件应急预案。加强农业转基因生物安全监管。

第三节　实施重要生态系统保育和修复

加强中南部山区生态保育。全面加强天然林保护,持续推行林长制。以海南热带雨林国家公园为重点,采取封山育林育草措施,加强霸王岭、鹦哥岭、尖峰岭、五指山、吊罗山、黎母山、俄贤岭等地的热带雨林和热带季雨林自然恢复。推行森林、河流、湖泊休养生息,健全耕地休耕轮作制度,有序开展退耕还林还草、退塘还湖还湿工作。加快推进生态搬迁迹地生态修复和退出工矿迹地恢复。实施低效林补植改造,人工林退出和改造工程。

加强典型生态系统保护和修复。开展重要湿地保护与修复,保障湿地生态用水。开展重点流域生态系统整体保护、修复和综合治理,推进南渡江、昌化江、万泉河水生态文明建设及综合整治工程。针对海岸侵蚀、生态破坏、功能退化海岸带进行综合治理和修复,重点实施海口东海岸、文昌海南角与景心角、琼海博鳌印象岸段、三亚亚龙湾、乐东龙栖湾等岸段治理修复。开展红树林、珊瑚礁、海草床等海洋生态系统修复,重点推进海口东寨港、文昌清澜港、陵水新村港和黎安港、三亚榆林湾、澄迈花场湾等区域典型生态系统修复。

推进城市生态修补与修复。推进城市生态化改造,按照居民出行"300 米见绿、500米入园"的要求,扩展城镇绿色生态空间,构建城市生态隔离体系。在海口、三亚、儋州等市县稳步推进生态修复、加强山体自然风貌的保护,开展城市周边受损山体、废弃工矿用地修复。到 2025 年,全省城市建成区绿地率达到 35%以上。

第四节　强化生态保护监管

开展生态系统保护成效监测评估。加快构建覆盖典型生态系统、生态保护红线、自然保护地、重点生态功能区和重要水体的监测网络。建立符合海南生态系统特点的生态保护修复评估体系，开展全省生态系统状况评估，掌握生态状况变化及趋势；对生态保护红线、自然保护地开展生态环境保护成效评估。探索开展生态保护修复工程成效评估。探索开展气候变化对生态系统的影响评估。

加强生态保护红线监管。建立健全生态保护红线监管制度，修订《海南省生态保护红线管理规定》，制定完善符合地方生态系统特点的生态保护红线调查、监测、评估和考核等监管制度和标准规范。完成陆域生态保护红线勘界定标。开展生态保护红线生态环境和人类活动本底调查，核定生态保护红线生态功能基线水平。加强生态保护红线面积、功能、性质和管理实施情况的监控，开展生态保护红线监测预警。

加强自然保护地监管。实行最严格的自然保护地生态环境保护监管制度，规范自然保护地设立、晋（降）级、调整、整合和退出，完善自然保护地生态环境监管制度。深入开展"绿盾"自然保护地强化监督，强化对国家级自然保护区和重点区域自然保护地的监督检查。加强自然保护地生态环境综合行政执法，强化与自然资源、水利、林业等相关部门协同执法。

专栏8　自然生态保护与修复

（一）热带雨林国家公园生态保护与修复

热带雨林国家公园生态修复以保护保育为主，核心区域实施封禁管护，保护和恢复热带雨林以及区域内珍稀植物、动物生境和栖息地。

（二）生物多样性保护

建设生物多样性观测站点，开展生物多样性本底调查，建设生物多样性基础数据库。建设珍稀濒危物种和重要遗传资源繁育基地，新建3~5个原生境保护点。重点恢复和发展海南长臂猿、海南山鹧鸪、海南孔雀雉、海南坡鹿、坡垒、白木香、降香黄檀、野生稻、野生兰等种群数量。

（三）昌化江流域山水林田湖草生态系统保护与修复

实施昌化江流域山水林田湖草生态系统保护与修复系统工程，包括生态系统质量提升与生物多样性保护、水土流失治理与生态清洁流域建设、水环境综合治理与水质提升、矿山生态环境修复和生态型土地整治与修复。

（四）典型生态系统保护与修复

以海南东寨港国家级自然保护区、海南清澜港省级自然保护区、三亚珊瑚礁国家级自然保护区、亚龙湾青梅港自然保护区、三亚铁炉港红树林市级自然保护区、儋州新英湾红树林市级自然保护区、澄迈花场湾红树林市级自然保护区等为重点开展岸线岸滩修复、典型生态系统恢复。

第八章　坚持高标准防控，守牢生态环境底线

补齐城乡环境基础设施短板，系统提升环境基础设施保障能力，建立健全生态环境应急体系，有效防范生态环境风险，保障生态环境与健康。

第一节　高标准建设环境基础设施

着力提升城乡污水处理效能。结合智慧海南、智慧城市等项目建设，摸清城镇污水管网布局、数量、质量等基础情况，搭建信息化管理系统。持续推进城镇生活污水处理设施及配套管网建设，加快城中村、老旧城区和城乡接合部的污水收集管网建设，基本消除空白区，推进城镇污水管网全覆盖。对城镇生活污水处理设施覆盖区域的港口、船舶生活污水衔接纳入城镇污水管网。开展污水处理差别化精准提标。推广污泥集中焚烧无害化处理，城市污泥无害化处置率达到90%。海口、三亚、儋州污水资源化利用率超过25%。

持续提升生活垃圾资源化利用水平。总结推广海口、三亚、儋州、三沙垃圾分类经验，有序推动生活垃圾分类减量，推动废旧玻璃、通信设备、家电等再生资源规模化、绿色化利用，促进垃圾分类和再生资源回收"两网融合"。完善生活垃圾收集分类转运体系，实施垃圾投放、收集、转运、处置全链条分类处置系统工程。高标准建设生活垃圾焚烧发电项目，适时启动生活垃圾焚烧发电厂扩建项目建设，规范生活垃圾焚烧发电厂运营管理，提升生活垃圾无害化处置和资源化利用水平，持续保持生活垃圾焚烧处理全覆盖。加强生活垃圾填埋场规范化管理，严格防控环境风险。

加强危险废物处置能力建设。统筹布局，加快推进危险废物集中处置设施建设，形成危险废物处置能力满足需求、处置单位适度竞争的设施布局与处置模式。规范运行三亚、屯昌医疗废物集中处置设施，补齐医疗废物处置设施缺口。高标准推进洋浦和昌江危险废物处置设施建设。推进废矿物油、飞灰等资源化利用技术的探索应用。加快推进一般工业固体废物处置利用设施建设。

第二节　加强固体废物环境监管

加强固体废物监管和综合利用。全面禁止进口固体废物。建立健全各部门间固体废物信息化共享机制，实现跨部门、跨层级、跨领域的数据共享互联互通，提升固体废物信息化管理水平。继续推进三亚"无废城市"建设，力争至 2025 年形成可在全省推广的经验。提高尾矿渣、建筑垃圾等大宗固体废物资源化利用效率，推进产废行业绿色转型、利废行业绿色生产，到 2025 年，新增大宗固体废物综合利用率达 60%以上，存量大宗固体废物有序减少。

强化危险废物全过程环境监管。加强医疗废物源头分类管理，健全医疗废物收集转移处置体系，到 2025 年实现全省医疗废物收集转运处置体系覆盖农村地区。开展工业园区危险废物集中收集贮存和"点对点"应用试点。研究制定危险废物焚烧处置设施污染物排放标准。严格危险废物经营单位管理，探索建立危险废物经营单位退出机制，全面提升经营单位运营和管理水平。建立海上—陆上危险废物监管衔接机制，探索环境、交通、海事等部门间危险废物跨海运输联合监管和执法制度。优化社会源危险废物产、收、运管理流程，推动建立社会源危险废物回收体系。探索以"白名单"方式简化废铅蓄电池、废矿物油危险废物跨省转移审批程序。

第三节　加强核与辐射风险管控

加强高风险辐射活动监督管理。完善高危险移动放射源监测监控系统。强化移动探伤、野外放射性同位素示踪试验等作业现场监督检查。探索加强跨省转移、海上使用放射源监管，加强重点核技术利用单位的监督检查。加大对核技术利用单位放射性废物分类收集、暂存和处置指导力度。闲置、废弃放射源全部 100%收贮。

着力提升核与辐射应急能力。修订完善核与辐射环境应急预案和执行程序，定期开展核与辐射应急演练，提高核与辐射应急能力。加强核与辐射应急监测快速响应能力建设，提高核与辐射应急监测装备水平。切实保障核电周围核与辐射环境安全。

第四节　加强重金属和化学品风险防控

持续推进重金属污染防治。严格涉重金属企业环境准入管理，在环境质量重金属超标等重点区域、新（改、扩）建涉重金属重点行业建设项目实施"等量替代"或"减量替代"。完善涉重金属重点行业企业清单，依法依规纳入重点排污单位名录，实施分级分类管控。加强涉重金属行业企业整治。

强化化学品风险防控。 积极履行持久性有机污染物、汞、消耗臭氧层物质等相关国际公约，提升主要化工园区危险化学品重大危险源监控能力和事故预警预报能力。开展化学品生产、使用过程环境风险评估。

第五节　加强生态环境与健康管理

重视新污染物治理。 开展新污染物筛查、评估与环境监测。开展重点行业重点化学物质生产使用信息调查和环境危害评估，识别有毒有害化学物质。在南渡江、昌化江、万泉河等重点流域，以抗生素、持久性有机污染物、内分泌干扰物等为重点调查对象，开展有毒有害化学物质环境调查和环境风险评估。开展海洋塑料垃圾及微塑料污染机理、防治技术等研究。

全域开展生态环境与健康管理试点。 结合污染源普查、土壤污染状况详查等工作，初步掌握环境问题突出且存在较大健康风险地区、企业清单。开展重点地区、重点行业环境与健康调查，筛选基于环境健康风险的行业特征污染物，强化有毒有害污染物源头防控。开展生态环境与健康素养监测和宣传教育普及活动，提升公民生态环境与健康素养。加强生态环境与健康基础研究，开展新污染物等生态环境影响与人体健康风险评估。

推进塑料污染全链条治理。 完善塑料污染治理制度设计，进一步理顺生产—流通—使用各环节中政府、企业和公众的责任，建立健全监督管理和执法体系，推动形成一次性塑料制品全生命周期管理的制度集成创新成果。加大新闻宣传和社会宣传，营造"政府引导+企业主导"的市场氛围。制定产业发展优惠政策，完善标准体系，拓展"禁塑"名录，大力发展全生物降解塑料制品产业，建设全生物降解塑料产业示范基地。推动降解材料产业链延伸，打造可降解材料应用技术领域高地。

专栏 9　环境基础设施建设

（一）城镇污水处理设施建设

持续推进 18 个市县及洋浦经济开发区污水处理厂及配套管网建设，新建和改造污水管网 2 200 公里以上，基本消除管网空白区。

（二）生活垃圾处理设施建设

持续推进海口、三亚、儋州、文昌、琼海、东方、陵水、昌江、屯昌等市县生活垃圾焚烧处理设施建设。

（三）危险废物处置设施建设

在昌江、洋浦等区域新建或扩建危险废物处置、水泥窑协同处置设施等。

第九章　坚持高效率监管，构建现代化治理体系

围绕海南自由贸易港以及国家生态文明试验区建设，实行最严格的生态环境保护制度，深化生态环境领域改革集成，大力提升生态环境监管能力，持续推进生态环境治理体系和治理能力现代化。

第一节　健全生态环境监管制度

完善生态环境基础管理制度。深化排污许可制度改革，开展基于排污许可的监测、监察、监管"三监"联动试点，全面落实排污许可"一证式"管理，打造全要素、全链条、全流程的环境监管体系。推行环评审批制度改革，做好海南自由贸易港重大项目环评审批服务。完善并实施环保信用评价、环境信息强制性披露、环境污染强制责任保险制度。推进环境司法联动，完善环境公益诉讼制度，与行政处罚、刑事司法及生态环境损害赔偿等制度进行衔接。

健全生态环境保护督察机制。强化中央生态环境保护督察整改，将生态文明建设重大决策部署纳入省级督察范畴。健全督察整改调度、盯办、督办机制，压实整改责任，推动问题解决。持续开展例行督察及"回头看"，紧扣新发展理念，紧扣生态环境保护领域突出问题，倒逼能源结构调整、产业结构转型升级，切实全面提升生态环境质量。

构建更加严明的环境责任体系。落实党委政府领导责任，完善省负总责、市县抓落实的工作机制，压实生态环境保护"党政同责、一岗双责"。强化企业环境保护主体责任，加强企业环境治理责任制度建设。健全公众参与机制，建立和完善公众听证制度和利益相关者参与制度。充分发挥工会、共青团、妇联、社会组织、环保志愿者等组织作用，积极动员社会各界参与生态环境治理，形成全社会共同参与生态环境保护的合力。

第二节　完善生态环境法规标准体系

构建适应高水平海南自由贸易港建设的生态环境法规体系。推进制（修）订生态环境保护、海洋环境保护、土壤环境保护、生态环境安全、固体废物污染防治、环境噪声污染防治等方面地方性法规，出台碳排放权交易管理、生态环境质量监测、生态环境分区管控等方面规范性文件，逐步构建适应海南自由贸易港建设需求的生态环境保护地方

法规体系。

构建绿色低碳循环发展的标准体系。 建立健全符合海南自由贸易港建设需求，与国际通行规则相衔接的绿色标准体系。在温室气体排放、空间布局优化、绿色经济发展、生态环境保护、绿色文化与生活、绿色政务与公共服务等方面制定绿色发展标准。

第三节 健全生态环境监测评价体系

完善生态环境质量监测网络。 优化调整全省大气、地表水、地下水、海洋、土壤、声等环境质量监测点位和指标体系。建立覆盖重要生态空间和典型生态系统的生态质量监测站点与样地网络。加强卫星遥感等技术在监测生态环境、生态系统状况的应用。拓展监测指标，逐步涵盖与广大人民群众健康相关的有毒有害物质和生物、生态指标，监测目标实现从浓度监测到成因机理解析监测。拓展监测评价内容，从现状监测评价向预测预报和风险预警评估发展，从环境质量评价向生态健康评价发展。在文昌、儋州试点开展农业面源污染监测、地膜残留监测。

完善污染源监测与应急监测。 构建企业履责、政府监管、社会参与、公众监督的污染源监测格局。加强测管协同的污染源执法监测，推进非现场执法监测手段应用，提升污染源自动监控水平，推动挥发性有机物、总磷、总氮等重点排污单位安装在线监控设施。建立健全工业园区监测体系。加强应急监测装备配置，定期开展应急监测演练，增强实战能力。

加强生态环境监测质量管理。 健全生态环境监测质量管理制度和量值溯源体系。推动建立统一管理、全省联网的生态环境监测实验室信息管理系统，实现生态环境监测活动全流程可追溯。加强对排污单位和各类生态环境监测机构监督管理，开展监测质量监督检查专项行动，确保监测数据"真、准、全"。

深化生态环境监测评价。 试点构建综合考虑社会经济发展、产业结构比重、污染排放总量、环境要素质量、资源环境容量、生态系统结构与功能等因素的生态环境综合评估体系。建立健全环境治理措施对环境质量变化影响的关联评估机制，在重点区域、重点流域分别开展大气与水污染防治管控成效和减排效果预测与跟踪评估业务化试点。健全国家、省、市县级生态环境监测数据有效汇聚和互联共享机制。

第四节 全面提升生态环境治理能力

推进生态环境保护综合行政执法能力建设。 加快补齐海洋环境、应对气候变化、生态破坏等领域执法能力短板,推进执法能力规范化建设。加强环境执法业务培训,提升队伍专业化水平。建立健全综合执法部门和生态环境部门协作联动机制,强化执法和监测无缝衔接。加强重点流域、跨市县联合执法能力。推行跨流域、跨市县联合执法、交叉执法。

强化基层环境管理能力创新提高。加强省对市县环境监管能力建设的帮扶指导。建立激励市县发挥地方首创精神的工作机制,支持市县深化生态文明体制机制改革先行先试,形成可复制可推广经验。支持市县探索精细化环境监管模式,创新环境监管网格化管理与群众自治新路径。

强化生态环境应急管理。构建多层级、全过程的环境风险防范体系,完善突发环境事件应急预案管理制度,强化应急物资储备。加强应急队伍建设,提升应急装备水平,提高应急监测预警能力。完善园区环境风险防控体系,在洋浦经济开发区(含东方临港产业园区)开展有毒有害气体环境风险预警体系建设。开展海南省主要河流突发水污染事件"一河一图一策"工作。防范海上溢油、危险化学品泄漏等重大环境风险,提升海洋自然灾害和海洋污染事件应对处置能力。

建设智慧化生态环境决策平台。依托智慧海南的"感知一张网"和"5G超高清高位视频监控一张网",推进陆海统筹、天地一体、上下协同、信息共享的生态环境监测网络建设,搭建统一的生态环境"物联—视联"双平台,建设生态环境大数据中心。加强生态环境质量、污染源、环境监管等数据的关联分析,实现可靠溯源、有效预测、精准治污。坚持数据驱动,全力构建集监测预警、综合分析、决策支持、环境监管、应急响应和公众服务等业务应用于一体的智慧环保决策平台。

强化环境科技能力支撑。加强生态环境领域基础科学研究。实施生态环境保护领域重大科技专项,重点加强应对气候变化、污染防治、资源循环利用、生态修复和海洋生态环境保护等领域的科技攻关。实施本地科研院所能力提升工程,完善"产学研"协同创新机制,创建高规格、开放型、国际化的生态环境研究机构。建设生态环境保护重点实验室和科技共享平台。支持企业围绕关键共性绿色技术开展科技创新,培育科技创新龙头企业和典型示范企业。

积极开展国际合作交流。认真履行保护臭氧层、持久性有机污染物、生物多样性等国际公约。发挥海南在"一带一路"的地缘优势,推动在应对气候变化、新污染物治理等领域的国际合作。与"一带一路"沿线国家探索开展减排项目及配额互认。加强海洋酸化、微塑料污染等国际问题研究与应对。鼓励高等院校、科研机构、高科技企业等在技术研发、人才培养方面开展对外合作交流。

专栏 10 提升环境监管能力

（一）生态环境监测网络建设

整合优化完善现有生态环境监测网络，建设涵盖大气、水、土壤、噪声、辐射等要素，布局合理、功能完善的生态环境质量监测网络，加强生态环境质量监测，提升省级和市县监测能力。

（二）生态环境执法监管能力建设

推进各市县生态环境保护综合行政执法标准化建设。

（三）环境应急基础能力建设

加强全省环境应急基础能力建设，配齐省及市县应急通讯设备、定位设备、现场快速检测分析设备等应急物资。试点建设化工园区有毒有害气体环境风险预警体系。

（四）环境科技能力建设

实施生态环境保护领域重大科技专项。实施本地科研院所能力提升工程。创建高规格、开放型、国际化的生态环境研究机构。支持企业积极创建科技创新龙头企业和典型示范企业。

（五）智慧环保信息化建设

在智慧海南建设框架下，整合已有信息化系统和信息资源，采用物联网、云计算、大数据等技术，建设集监测预警、综合分析、决策支持、环境监管、应急响应和公众服务等业务应用于一体的智慧环保决策平台。

第十章 坚持高品质行动，弘扬现代生态文化

坚持广泛发动，开展生态文明宣传教育，繁荣海南特色生态文化，在全社会厚植崇尚简约低碳的社会风尚，推动城乡居民生活方式和消费理念绿色化，形成文明健康生活新风尚。

第一节 培育生态文明理念

加强生态文明教育。弘扬生态文明价值理念，传播社会主义核心价值观，健全生态文明宣传教育网络，加强生态文明宣传教育，普及生态文明法律法规。把生态文明教育纳入国民教育、职业教育、社区教育体系和党政领导干部、生产企业等各级各类培训体系。加大海南省内高校生态环境保护学科建设和人才培养力度，培养适应海南自由贸易港和国家生态文明试验区建设的专业人才。

宣传生态文明理念。拓宽生态文明宣传渠道，加快推动公众信息网站、政务微博、政务微信等新媒体运用，加强生态文明建设网络舆情引导。结合世界环境日、地球日、海洋日等纪念日活动，创新开展形式多样的主题宣传活动和公益活动。开展习近平生态文明思想专题宣讲行动，组织实践案例宣传。开展生态环境科普基地创建工作，到 2025 年全省创建 3~5 个省级以上生态环境科普基地。开展生态文明进社区、进家庭、进企业等活动，引导城乡居民形成勤俭节约、绿色低碳、文明健康的生活方式。

第二节　繁荣特色生态文化

深入挖掘海南生态文化资源。开展生态文化战略研究，鼓励将绿色理念植入各类文化产品。注重挖掘海南特色的山海文化、森林文化、传统黎苗文化、民俗文化等文化中的生态思想，挖掘名胜古迹、文化遗迹、民风民俗等蕴藏的生态文化内涵，推动建立以生态价值观念为准则的海南特色生态文化体系。在昌江王下、琼中什寒等特色村镇建设特色生态文化保护试点，建设一批非遗保护展示场所、特色文化宣传展示项目，打造一批特色生态文化景区。

加强生态文化的载体建设。培养一支从事生态文化研究、宣传、教育、推广的专业队伍；创作一系列弘扬生态文明的文艺作品。推动博鳌亚洲论坛设立生态文明与绿色低碳发展分论坛，搭建政府、企业、专家、学者等多方参与，共建共享生态文明建设理论和经验的国际交流平台。充分发挥图书馆、博物馆、科技馆、文化馆、美术馆等在传播生态文化方面的作用，使其成为弘扬生态文化的重要阵地。组织各类生态文明主题活动，开展系列绿色创建、评选"海南生态人物"、发起"全民公约"社会倡议活动。

打造"美丽海南"生态文化品牌。大力推进生态文化作品创作和生态文化产业发展，打造一批体现热带海岛自然与人文特色的生态文化品牌。发展以"美丽海南"为题材的影视、音乐、书画、文学艺术等精神文化产业，发展培训、咨询、论坛等信息文化产业。从吃、住、行、游、购、娱等方面开发具有地域特色、民族特色和市场潜力的生态文化产品和服务项目，提高生态文化产品生产的规模化、专业化和市场化水平。

第三节　践行绿色低碳生活

公共机构带头全面实施绿色采购、绿色办公。完善节能环保产品强制采购制度，扩大绿色产品采购范围，优先选择列入国家、省、市"环境标志产品政府采购清单"和"节能产品政府采购清单"的产品。全面落实绿色办公，建立健全能耗水耗定额管理制度，合理制定用水、用电、用油指标。推进电子政务，实行网上办公，减少办公耗材和一次性用品的使用。制定并实施绿色采购、绿色办公和绿色建筑落实情况监督检查办法，将落实情况作为各级公共机构年度考核内容。

强化企业环境主体责任意识。发挥企业在社会治理体系中的主体作用，排污企业应依法向社会公开污染物排放相关信息、环境年报和企业社会责任报告。鼓励排污企业在确保安全的前提下，通过开放环保设施、设立企业开放日、建设环保教育体验场所等形式参与生态文明宣传教育。

积极引导公众践行绿色消费。研究建立绿色产品消费积分制度。引导市民购买节能环保低碳商品、节水产品。推广环境标志产品，支持市场、商场、超市在显著位置开设绿色产品销售专区。倡导市民重拎布袋子、重提菜篮子、重复使用环保购物袋。完善居民社区再生资源回收体系。在全省中小学全面开展课本循环利用。在酒店、饭店、景区大力推行绿色消费，鼓励旅行消费者自带洗漱用品。

大力倡导绿色出行。引导公众健康出行。落实公交优先战略，加快城市轨道交通、城市公交专用道、快速公交系统等大容量公共交通基础设施建设。加强城市步行和自行车交通系统建设。

深入开展反对浪费行动。以特色品牌产品、餐饮外卖等为重点，开展反过度包装专项行动。开展餐桌文明行动，倡导"$N-1$"点餐模式，鼓励公众不做"必剩客"，争当"光盘族"。大力破除讲排场、比阔气等陋习，倡导婚丧嫁娶等红白喜事从简操办。党政机关、国有企业要带头厉行勤俭节约，坚决抵制和反对各种形式的奢侈浪费。

第四节　推进生态示范建设

建设一批生态文明示范市县与村镇。加快推进海口、三亚、儋州、东方、陵水、昌江等市县创建生态文明示范市（县）。统筹国家生态文明试验区建设，建立省级生态文明示范创建工作机制，完善管理规程和评价体系。按照基础扎实、生产发展、生活富裕、生态良好、乡风文明的总体目标，建设一批省级生态文明示范村镇、"绿水青山就是金山银山"实践创新基地。

建设一批生态示范产业园区。推动洋浦经济开发区（含东方临港产业园、临高金牌港产业园）、海口国家高新技术产业开发区创建国家生态工业示范园区。规范省级生态示范产业园区认定标准，创建一批省级特色生态示范产业园区。

深入推进绿色系列创建。研究构建绿色系列评价地方标准体系，推动各领域主动开展绿色创建行动，推进节约型机关、绿色家庭、绿色学校（幼儿园）、绿色社区、绿色商场、绿色酒店、绿色医院、绿色企业、绿色建筑等绿色系列创建活动，培育一批成效突出、特点鲜明的绿色创建先进典型。

专栏 11　弘扬生态文化

（一）生态文明思想宣传行动

开展专题宣讲行动，组织实践案例宣传，每年组织开展习近平生态文明思想典型实践案例宣传与交流活动 3 次以上。

（二）生态文化传播行动

实施生态文化精品工程，组织创作反映生态环境保护工作实际、承载生态价值理念，思想精深、艺术精湛、制作精良的生态文化作品。

（三）生态文明全民教育行动

把生态文明教育纳入国民教育、职业教育、社区教育体系和党政领导干部、生产企业等各级各类培训体系。开展生态环境科普基地创建工作，到 2025 年创建 3~5 个省级以上生态环境科普基地。

（四）生态文明全民行动

组织开展各类生态文明主题活动，开展系列绿色创建、评选"海南生态人物"、发起"全民公约"社会倡议活动。引领全民践行绿色生活方式，组织开展绿色出行、绿色消费、绿色餐饮、绿色快递等活动。

（五）绿色生态示范创建行动

全力推进生态文明示范市县、生态文明示范村镇、"绿水青山就是金山银山"实践创新基地建设。推进节约型机关、绿色家庭、绿色学校（幼儿园）、绿色社区、绿色商场、绿色酒店、绿色医院、绿色企业、绿色建筑等绿色系列创建活动。

第十一章　强化落地实施，健全保障机制

依托生态文明建设调度平台，建立健全"统筹规划—协作分工—实施落实—考核监督"全链条、全过程的责任制。以样板市县为抓手推进"六区战略①"建设，推动规划"设计图"转化为生态环境保护"实景图"。

第一节　规划任务落实

本规划是海南省"十四五"时期生态环境保护总体规划。各市县应当根据规划确定的目标和任务，结合当地实际，制定本区域生态环境保护规划，采取有力措施，确保各

---

① 六区战略：本规划所列的六大战略定位，分别为生态文明建设样板区、绿色低碳循环发展先行区、生态环境质量标杆区、陆海统筹保护发展实践区、"绿水青山就是金山银山"转化实践试验区和生态环境治理能力现代化示范区。

项目标任务落实到位。各部门制定的专项规划涉及生态环境保护工作应做好与本规划的衔接，加强统筹协调，充分发挥规划的指导作用，合理配置公共资源，围绕生态环境保护重点领域，研究制定一系列能够有效解决突出问题、激发高质量发展动力的重大政策举措，为实现规划确定的目标任务提供有力支撑。

第二节 样板市县建设

省级层面统筹抓好"六区战略"建设工作，选择具备条件的市县，充分发挥地方首创精神，先行先试，深入开展"六区战略"的地方样板建设，重点在中部市县开展"绿水青山就是金山银山"转化实践试验区建设，在沿海市县开展陆海统筹保护发展实践区建设，在五指山市等生态环境质量全省领先市县开展生态环境质量标杆区建设，在海口市、三亚市等地级城市开展生态环境治理能力现代化示范区建设。

第三节 项目落地实施

以解决突出生态环境问题、推动规划目标指标落实为核心，组织实施好一批关系全局和长远发展的重大项目。优先保证生态环境保护重大基础设施的用地需求。集中财力保证政府投资重大项目的资金需求，鼓励和引导社会资本投资重大项目。建立重大项目清单化推进机制，完善重大项目储备机制，做到规划一批、储备一批、建设一批、投产一批，强化项目监管，完善后评价制度，提高政府投资管理水平和投资效益。

第四节 加强环保投入

加强环境保护资金保障。将生态环境保护列为公共财政支出的重点，加强资金保障，重点投向生态保护修复、环境污染综合治理、污染减排、重大环境基础设施建设等项目，确保规划各项重点工程顺利推进。继续完善政府引导、市场运作、社会参与的多元投入机制，鼓励不同经济成分和各类投资主体，以多种形式参与环境保护和基础设施建设。

拓宽投融资渠道。健全政府和社会资本合作机制，进一步鼓励社会投资特别是民间投资参与生态环境保护等重点领域建设，在同等条件下，政府投资优先支持引入社会资本的项目。通过特许经营、购买服务、股权合作等方式，建立政府与社会资本利益共享、风险分担、长期合作关系。鼓励金融机构对民间资本参与的生态环境保护项目提供融资支持。

第五节 强化实施评估

加强对规划实施情况的评估分析和结果应用，重大问题及时向省政府报告。省级层面及时总结规划实施成效，形成可复制可推广的经验。发挥社会各界对规划实施情况的监督作用，积极开展公众评价。加强规划宣传，增强公众对规划的认知、认可和认同，营造全社会共同参与和支持规划实施的良好氛围。

第二篇 海南省『十四五』水生态环境保护规划

海南省"十四五"水生态环境保护规划

第一章 发展现状及面临形势

第一节 "十三五"期间成效

一、水生态环境质量持续保持国内前列

海南省水生态环境质量总体优良。2020年，全省主要河流湖库水质优良率为90.1%，高出全国平均水平（国控）约7个百分点，与"十三五"初持平，劣V类水体比例由1.4%下降到0.7%，17个地表水国控断面水质优良率稳定达到100%，16个入海河流断面持续无V类水体，稳定达到国家"水十条"考核要求；城市（镇）集中式饮用水水源地水质达标比例由96.4%提升到100%，高出全国水平（地级市）5.5个百分点，Ⅱ类及以上水体占比82.8%；城镇内河（湖）整体水质改善明显，水质优良率从"十三五"初的18.8%提升到41.3%，提升22.5个百分点，劣V类水体比例从57.8%下降到14.1%，下降43.7个百分点，水质达标率从42.2%提升到92.4%，提升50.2个百分点。全年化学需氧量、氨氮排放量分别较"十三五"初下降6.9%、15.3%，全面完成国家下达的生态环境约束性指标任务。

二、碧水保卫战工作取得积极进展

水污染保护与治理制度进一步健全。省政府相继印发《海南省城镇内河（湖）水污染治理三年行动方案》《海南省水污染防治行动计划实施方案》《海南省污染水体治理三年行动方案（2018—2020年）》《海南省集中式饮用水水源地环境保护专项行动方案》《海南省全面加强生态环境保护坚决打好污染防治攻坚战行动方案》等一系列文件，全面推进打赢碧水保卫战。国家"水十条"年度考核，我省连续多年获优秀等次，2018年获得国家5 000万元资金奖励。

扎实推进水源地环境问题整治和规范化建设。提前完成城市（镇）饮用水水源地122个环境问题整治和现场核查、清理乡镇级及以下集中式饮用水水源地环境问题430个，完成全部83个"万人千吨"农村饮用水水源保护区划定工作，建立"万人千吨"166个

环境问题整治台账，完成环境问题整治 123 个，超额完成 50% 的年度目标。

全面实施城市黑臭水体治理。完成国家下达的 29 个城市黑臭水体消除任务，海口市美舍河、鸭尾溪、大同沟黑臭水体治理效果良好，荣登生态环境部光荣榜，海口市、三亚市获评全国黑臭水体治理示范城市，分别获得 4 亿元和 3 亿元国家奖励资金。

三、水生态环境领域机制体制日趋完善

初步建立水环境综合整治多部门协调机制，省委、省政府成立省全面推行河长制工作领导小组及办公室，省政府成立省水污染防治工作领导小组及办公室，取得一定统筹成效。创新水生态环境管理方式和手段，强化预警督办和帮扶指导。2020 年，共发放预警和通报函 35 个；全面梳理各市县水环境问题清单，提交给省督察办，纳入环保百日大督察；开展集中约谈，对水功能区水质超标的 10 个市县政府和水质持续恶化或始终没有得到改善的市县进行公开约谈。完善水生态环境法规制度体系，积极推动水环境保护地方立法，起草并推动出台《海南省环境保护条例》（海南省人民代表大会常务委员会公告第 94 号，2017 年）、《海南省水污染防治条例》（海南省人民代表大会常务委员会公告第 107 号，2017 年）、《海南省河长制湖长制规定》（海南省人民代表大会常务委员会公告第 14 号，2018 年）。积极探索水生态文明体制改革，推动出台《海南省流域上下游横向生态补偿实施方案》（琼府办函〔2020〕383 号），对全省流域面积 500 平方公里及以上跨市县河流湖库和重要集中式饮用水水源进行生态保护补偿，共涉及全省 17 个市县的 10 条河流 4 个湖库共 18 个断面。

第二节　存在的主要问题

一、水生态环境统筹保护治理的机制还未完善

机构改革后，水的治理思路已经由水污染防治转向水生态环境保护，实施"水环境、水生态、水资源"统筹协调、协同管理。我省已经成立了水污染防治工作领导小组，建立了"河（湖）长制"等协调机制，并取得了一定统筹成效，但散落在生态环境、水务、农业农村厅、林业、资规等部门的管水、治水职能仍缺乏有效统筹，部门之间的壁垒并未完全打破，尤其是在水资源配置使用、开发、生态流量保障及水环境质量改善等方面，还未形成水生态环境保护合力。

二、水生态环境质量离国内领先水平有一定差距

"十三五"以来，全省主要河流湖库水质优良率持续保持 90% 以上，但未达到《海南省生态环境保护"十三五"规划》（琼府办〔2017〕42 号）和国家生态文明试验区建设规

定的95%要求，距离生态环境质量持续保持全国一流水平要求还有一定差距。

三大江流域局部水生态功能退化问题仍然突出。南渡江、万泉河、昌化江三大江流域生态健康状况总体良好，但三大江流域均存在不同规模的水库或引水式电站，枯水期在保障生活用水和工农业生产用水的情况下，河道生态流量难以满足，部分河段出现断流或减水现象；部分小型水电站和拦河坝的兴建阻隔了河流的纵向连通性，破坏了河流的生态系统。部分河流水库虽然起到供水保安全、提高防洪能力的作用，但也致使水系生态廊道破碎化，水生态系统服务功能呈退化趋势。

城镇内河（湖）治理稳定达标仍有较大压力，截至2020年12月，全省仍有14.1%的断面为重度污染状况，仅有41.3%的断面水质达到优良水平，距离消除劣Ⅴ类水质，力争全部达到Ⅳ类及以上水质差距较大。

环境基础设施建设滞后。城镇污水处理厂处理能力和管网建设不足，城镇污水管网收集效能不高，进出水"双低"现象普遍存在，进厂BOD_5平均浓度低于全国典型城市污水处理厂平均进水浓度，城镇生活污水集中收集率平均值不足50%，低于全国平均水平。农村生活污水处理设施因地制宜和资源化利用不足，设施"高、大、上"，建设和运维成本高，财政压力大。

农业面源污染、畜禽和水产养殖面源污染、城镇生活污染等问题还没有得到有效解决，对污染排放途径、排放规律、污染源强特征还没有全面掌握。水环境改善与水资源调配、水生态保护的协同能力偏弱。

三、水资源时空分布与用水需求存在"错位"

水资源分布与经济产业布局不相匹配，全省东部地区水资源量要多于西部地区，琼中县水资源总量约占全省总量的12%，用水量仅占全省的2%。东方、昌江、乐东等西部市县水少地多，农业占比高，用水粗放、用水效率有待提高。全省径流年际变化大，洪枯悬殊，全岛80%的降雨集中在5—10月份，而60%的农业灌溉用水、70%旅游人口生活用水却集中在11月至翌年4月，水资源调配机制不完善，导致部分区域在枯水期河道生态基流难以保障，水环境容量锐减，水资源对水环境和水生态的支撑偏弱。

四、水生态环境状况研究基础能力不足

水环境、水生态和水环境风险状况调查的基础制度不健全。全省城乡环境基础设施建设滞后，城镇污水管网现状不清；对入河入湖违规排污情况掌握不全，亟须开展"一口一策"建档采取针对性整治措施。

对大型底栖动物、浮游动植物、水生植物等水生生物缺乏系统性调查，历史本底不清。虽对松涛水库、万泉河等部分河流的水生生物现状进行了初步调查，但未形成系统性和常态化的监测工作制度。

全省农业、林业和畜禽、水产养殖业发达，对重金属、环境激素、抗生素、农药、持久性有机污染物等新污染物排放特征规律，以及入海河流底泥污染状况掌握不清，缺乏对全省水环境风险防范提供有效支撑。

第三节　面临的机遇与挑战

一、党中央国务院对水生态环境高度重视

党的十九大提出到 2035 年美丽中国目标基本实现，党的十九届五中全会对即将开启的全面建设社会主义现代化国家新征程作出了重大战略部署。进入新发展阶段，全面深化改革开放、海南自由贸易港建设、建设国家生态文明试验区等国家战略，为海南提供了良好的外部环境和强有力的支撑，为全省水生态环境保护和水生态环境领域大胆改革创新，完善生态环境体制机制改革带来了新机遇。

二、国家生态文明试验区建设为水生态环境提供强大动力

推进国家生态文明试验区（海南）建设，形成生态文明建设海南样板，是党中央国务院赋予海南的重大使命。随着空间布局、产业结构、能源结构、生产方式、生活方式、制度建设、治理能力等一系列具体任务的落实，将进一步从源头上减少污染物排放，从根本上促进水生态环境质量的持续巩固提升。

三、海南自由贸易港建设对水生态环境提出了更高要求

海南自由贸易港建设全面推进，国际旅游消费中心、全球热带农业中心和全球动植物种质资源引进中转基地等建设，人流、物流以及港口航运、高效农业和种业等产业将增加新的水污染防治压力和环境风险因素。为服务保障好海南自由贸易港建设，保证一流水生态环境质量，对水生态监管服务和风险防范的精准度、有效性、响应速度均提出了更高要求。

四、群众对良好水生态环境需求强烈

良好的生态环境是最公平的公共产品，是最普惠的民生福祉。碧海蓝天、青山绿水是海南发展的核心竞争力，也是子孙后代的"饭碗"。多种国家战略的生态环境红利，就是保证全省群众呼吸上新鲜的空气、喝上干净的水、吃上放心的食物、生活在宜居的环境中。随着互联网、新媒体迅速发展，公众生态环境意识快速提升，公众环境维权意识不断增强，对良好生态环境的期待越来越高，对水生态环境保护在宣传教育、舆论引导、公众参与等公共关系维护方面提出更高要求。

第二章 总体要求

第一节 指导思想

以习近平新时代中国特色社会主义思想为指导，全面贯彻落实党的十九大和十九届历次全会精神，深入贯彻习近平生态文明思想、习近平总书记"4·13"重要讲话、中央12号文件和《海南自由贸易港建设总体方案》精神，按照党中央、国务院决策部署，坚持新发展理念，坚持人与自然和谐共生，以不断满足人民群众对美好环境的需求为根本要求，以水环境品质提升和水资源科学供给为主要抓手，以提升水生态服务功能为核心任务，不断提高河流湖库生态健康水平，恢复水陆生态系统功能。坚持分流域分策，持续解决农村饮用水、污染流域和城镇内河（湖）、水资源配置、环境基础治理设施短板等结构性和空间性问题，有效提高水环境治理水平。健全现代化水生态环境治理体系，完善政府、企业和社会群众保护水生态环境的责任制度体系，进一步优化水生态环境保护格局，加快形成智慧管理、精准管理、有效管理的新局面，为建设美丽新海南夯实水资源环境的承载基础，强化对海南省"三区一中心"建设的绿色支撑。

第二节 基本原则

"三水"统筹，系统治理。 以习近平总书记"系统治理、依法治理、源头治理、综合施策"的新理念新思想为指引，坚持山水林田湖草海是一个生命共同体的科学理念，统筹水环境、水生态、水资源，系统推进农业、生活、工业污染治理，保障河湖生态流量，推进生态系统保护修复和风险防控，以高水平保护引导推动高质量发展。

以人为本，人水和谐。 面向海南自由贸易港建设和美丽新海南建设的战略目标和总体要求，以解决群众身边的突出水生态环境问题为导向，以实现"清水绿岸、鱼翔浅底、人水和谐"，提高社会公众获得感为核心，结合社会经济发展实际情况，提出科学合理、经济可行、可考核、可评估的"十四五"阶段性任务和目标，不断增强人民群众获得感和幸福感。

协同联动，突出特色。 客观分析海南省水生态环境质量状况、生态环境保护工作基础和经济社会发展现状，结合我省热带海洋气候和环形层状地貌形成的热带岛屿城市水系流域特点，以河湖为统领，打造幸福河湖，坚持"陆海统筹"，实施水环境、水生态、水资源系统治理，推动全流域和海域互动协作，增强各项举措的关联性和耦合性。

补齐短板，精准施策。坚持以问题导向，重点补齐水环境基础设施建设和水生态环境监管能力短板，夯实海南自由贸易港建设的生态环境基础。坚持精准治污、科学治污、依法治污，系统科学解决饮用水安全、局部河流湖库污染、城镇内河（湖）、黑臭水体、水资源配置、环境基础治理设施短板等突出问题。

第三节　规划范围及水平年

规划范围。海南省全域 19 个市县（三沙市仅设置 1 个地表水监测点位，不涉及具体任务和工程）。按照流域划分为：南渡江流域、万泉河流域、昌化江流域、海南岛东北部诸河、海南岛西北部诸河、海南岛南部诸河和南海各岛诸河（主要为三沙市）。海洋生态环境保护工作在"海南省'十四五'海洋生态环境保护规划"中体现，本规划不涉及。

规划时限。规划基准年 2020 年，规划期为 2021—2025 年，远期展望到 2035 年。

第四节　规划目标和指标体系

一、主要目标

到 2025 年，全省水生态环境质量达到全国领先水平。全省主要水污染物排放总量持续减少，城乡饮用水水源地环境安全保障水平持续提升；主要河流水库水质稳步改善，力争达到Ⅲ类及以上水质，入海河流消除劣Ⅴ类断面，水功能区水质达标率达到考核要求，城镇内河（湖）水质稳定达标，全面消除城市黑臭水体；河流连通性增强，重要生态保护区、水源涵养区、江河源头区和河流湖库得到有效保护；主要江河水生态结构得到改善，基本建成水资源保护和江河健康保障体系；水生态环境监管能力明显增强，水环境风险得到有效管控；构建干净、整洁、优美河湖生态环境，打造一市一县一镇一条美丽幸福河湖。

展望 2035 年，水生态环境质量居于世界领先水平。海南省水生态环境品质卓越。全面建成高标准生态河湖的海南示范，三大江生态服务功能全面增强，全岛绿心建成高品质供水体系，环心带发展形态结构与水生态环境保护高效协调，环岛城市带形成清水环绕、城景交融的滨水城市景观风貌。水生态环境保护领域实现从"绿水青山"到"金山银山"的转换全覆盖。

二、具体指标

表 2-1　海南省"十四五"水生态环境保护规划指标

类型	序号	指标	2020 年	2025 年	类型
常规指标	1	地表水①优良（达到或优于Ⅲ类）比例（%）	90.1	95	约束性
	2	地表水②劣Ⅴ类水体比例（%）	0.7	0	约束性
	3	水功能区③水质达标率（%）	72.7	90	预期性
	4	城市集中式饮用水水源④达到或优于Ⅲ类比例（%）	100	100	约束性
	5	达到生态流量（水位）底线要求的河流⑤数量（个）	—	列入"十四五"海南省地表水环境质量监测网络的主要河流生态流量得到有效保障	预期性
亲民指标	6	城市黑臭水体⑥比例（%）	地级市城市建成区基本消除	市县城市建成区消除	预期性
	7	城镇内河湖⑦水质达标率（%）	92.4	95	预期性

注：

①～② 指纳入"十四五"海南省地表水环境质量监测网络的 76 条主要河流、41 宗水库共 193 个断面，2025 年目标值与《国家生态文明试验区（海南）实施方案》《海南省"十四五"生态环境保护规划》保持一致；

③ 指全省水功能区，2025 年目标值参照生态环境部水功能区"十四五"水功能区考核有关要求确定；

④ 指主要服务于城市人口的集中式饮用水水源地，2025 年目标值根据水质现状及管控要求确定；

⑤ 到 2025 年，列入"十四五"海南省地表水环境质量监测网络的有控制性工程或流量保障措施的主要河流生态流量得到有效保障；

⑥ 指海口、三亚、儋州等 3 个地级市及五指山、文昌、琼海、万宁、定安、屯昌、澄迈、临高、东方、乐东、琼中、保亭、陵水、白沙、昌江等 15 个市县城市黑臭水体，2025 年目标值与生态环境部《重点流域水生态环境保护规划（2020—2025）》相关要求衔接，并对标海南省生态环境质量居于全国领先水平的总体目标；

⑦ 指纳入"十四五"海南省地表水监测网络的 76 条河流（渠道）、11 宗水库（湖）共 104 个断面，2025 年目标值综合考虑水质现状及达标年限。

第三章　主要任务

第一节　构建水生态环境系统保护新格局

一、健全深化"三水统筹"机制

全面统一思想和行动。坚持"山水林田湖草"是一个生命共同体的科学理念，坚持污染减排和生态扩容两手发力，"创一流""补短板"，将水环境、水生态及水资源统筹治水思路作为涉水工作的最高行动纲领。

健全"三水统筹"协商决策机制。涉及水环境、水生态及水资源等重大项目，涉水相关部门共同参与协商决策，在重大决策过程中，应优先考虑水环境影响和水生态效益。

建立统一指挥作战体系。贯彻落实"节水优先、空间均衡、系统治理、两手发力"的治水思路，建立分工明确、职责清晰、高效运转的治水机制，统筹做好水污染防治、水生态保护、水资源管理和水安全保障工作，破除"多龙治水"的行政壁垒。

实施统一工作目标。涉水部门和市县将工作目标统一到"2035年，水生态环境质量居于世界领先水平"上来，保障顶层目标实现。

组建专家智库。成立省水生态环境保护专家咨询委员会，组织、引导专家学者积极参与水生态环境保护工作，为水生态环境保护重大决策提供咨询服务。

二、逐步完善流域水生态环境综合管控体系

完善流域水生态环境功能分区管理体系。健全包括"全省—流域—水功能区—控制单元—行政区域"的流域空间管控体系。制定海南省重要水体名录，确定对支撑全省水生态环境具有重要意义，及具有重要经济、政治、文化、社会价值的水体清单，维护全省重要水体生态功能。

细化行政管理责任体系。依托流域水生态环境功能分区管理体系，强化各市县政府水生态环境责任传导机制，进一步完善省级及市县级控制断面设置，逐级明确行政责任主体。优化实施地表水生态环境质量目标管理，明确各级控制断面水质保护目标，逐一调查达标状况；未达到水质目标要求的地区，应依法制定并实施限期达标方案。

三、重点强化流域区域系统治理

推进山水林田湖草等要素系统治理。从生态系统整体性和流域系统性出发，找准问题症结，精准施策。加强顶层设计，从保障海南自由贸易港建设全局出发统筹兼顾、综合施策、整体推进，全方位、全地域、全系统开展水生态环境系统治理。立足三大江流域和珠溪河、文教河、东山河、罗带河、望楼河、三亚河、巡崖河等重点河流流域，强化整体治理，系统布局水污染治理、重大水生态保护与修复工程，科学推进水源涵养区保护修复、生态缓冲带保护与建设、重要湖泊湿地生态保护治理和水生生物多样性提升等。

落实水功能区水质达标要求。完成海南省水功能区划修编，结合经济社会发展状况，以及水生态环境保护需求，有机衔接水环境保护目标要求，将水功能区划作为依法协调水资源开发利用与水生态环境保护的跨部门基础平台，强化饮用水源区的上游水质保障，

整合现有各类水生态环境空间功能成果，加强与全省空间规划的衔接。重点做好藤桥西河、春江、春江水库、大塘河、文澜江、文教河出海口河段等不达标水功能区整治工作，全力保障全省水功能区水质达标率达到考核要求。

实施重点海域入海河流整治。坚持陆海统筹，以重点监管海湾为对象，以解决小海、八门湾、新英湾、榆林港等海域海洋环境容量过载问题为目标，优先推进文昌市文教河、文昌河、珠溪河，海口市演州河，万宁市东山河，儋州市北门江、春江，三亚市大茅水等入海河流污染物削减，有序推进入海河流治理。完善水位—水量—水质协同控制机制，通过闸坝等设施有效调控入海河流下游水位，加快陆源污染物的扩散消减。在三大江流域、重点港湾入海河流实施污染物通量监测试点。开展重点湾区环境容量提升的技术应用研究。

四、着力推动农业绿色转型

推进差别化的流域环境标准和管控。组织开展三大江流域以及部分重点流域范围内农业种植、畜禽和水产养殖生产过程及产污情况调查研究，统筹水环境、水生态、水资源等要素，精准、科学制定差别化流域农业管控要求，并分阶段落实，以高水平保护引导推动热带高效农业高质量发展。探索制定南渡江、昌化江、万泉河、珠溪河等流域水污染物排放标准或排放管控要求，以及粮食、蔬菜、水果等种植业环境管理要求和畜禽及水产养殖业等行业排放标准。

优化畜禽和水产养殖空间布局。严格落实畜禽和水产养殖禁养区划定成果，根据土地消纳粪污能力和水环境承载能力，确定养殖规模，优化水产养殖空间布局。在全省三大江流域源头水保护区、饮用水水源地保护区、生态保护红线内依法有序清退畜禽和水产养殖项目，控制畜禽和水产养殖规模，严格限制在污染水体上游密集布局畜禽和水产养殖项目，依法清退在河湖等自然水体水面放养水禽的养殖项目。

加快农业绿色发展。鼓励发展生态种植、生态养殖，提高畜禽粪污资源化利用水平，谋划实施畜禽养殖废弃物资源化利用与生态有机高效高品质农业建设，开展中部山区现代生态循环农业试点，以传统农业种植为主，集优质畜牧养殖、食品加工以及观光旅游等多个产业功能区块为一体，通过种植与养殖相结合的方式，推动有机肥代替化肥，提高农产品品质和附加值，探索生态价值转化路径。大力推进农业节水，推广高效节水技术。研究利用自然氧化塘、生态沟渠，以及湿地等生态设施，开展农田退水循环使用或深度处理，探索在三亚市、东方市和乐东县等地区开展水稻、瓜果蔬菜种植区农田退水循环与生态治理示范建设。实施化学农药、兽用抗菌药和化肥使用减量使用方案，推进重点水源保护区农药和化肥的零施用区建设。

第二节 稳定提供人民群众良好水生态产品

一、优先保障饮用水水质安全

（一）优化水资源配置和管理

优化水资源配置。 确立优先保障饮用水供给的思路，确保"好水人用"，将生活饮用水摆在水资源利用的首要位置，优先满足城乡居民生活用水，兼顾生态环境和农业、工业等用水需求，确保最优质的水优先用于城乡居民生活饮用水。

推进城乡一体化集中供水。 坚持水源地"提升安全度、提升集中度、大幅减少数量"的工作思路，按照"全省一盘棋、全岛同城化"的工作要求，全面系统科学规划，选用松涛水库、大广坝水库、牛路岭水库、红岭水库、迈湾水库、赤田水库等大中型优质水源作为饮用水水源地或饮用水水源地补给，优化水源地布局，建设规模化水厂或扩建现有水厂，管网向周边村镇供水，逐步取代小型供水工程，逐步实现全岛城乡一体化统筹供水。推动制定《全岛同城集中供水方案》，建设集约高效的区域供水系统，实行统一调配，优先覆盖取代水源不达标区域和单一水源的城镇，限期撤销不达标和"小散"水源地，释放土地资源、降低管理成本。加强备用水源建设，单一水源供水的市县，应多措并举构建应急备用水源体系，2025年底前完成城市备用水源或应急水源建设，保障城市供水安全。

加大水源地保护力度。 实施最严格的水源地保护措施，设置水源地保护区物理隔离区，划定农药化肥的禁用区，发展生态有机循环农业和原产地认证，注重农产品品质价值提升，统筹流域生态补偿，研究中部山区优质水源生态价值转化途径，探索基于优质水产品的生态价值化和水权交易制度的生态资本价值化的可行性。

（二）全面推进饮用水水源保护区规范化建设

全面实施水源地摸底排查整治。 逐步实施全省水源地问题摸排工作，分步完成全省县级以上、乡（村）镇以及农村水源环境问题摸排工作，建立"一源一案"，明确整治措施。以乡（村）镇集中式水源地为重点，全面推进饮用水水源地规范化建设，着力推动保护区内农业种植结构和种植方式的转变，引导农业种植逐渐向生态有机农业化发展，积极推行测土配方施肥，积极推广绿色、生态种植模式。研究解决农业和农村面源污染风险，加强保护区及周边农村生活污水处理设施的建设及运营监管，加快农村渗漏厕所改造，做好生活垃圾全面收集和处理，加快补齐农村生态环境保护工作短板。到2025年，全省城市集中式饮用水水源地水质达标率稳定达到 100%。

加强水源地规范化管理。全面落实饮用水水源保护区管理制度，对饮用水水源实行最严格的保护。梯次推进农村饮用水水源规范化建设，以推进城乡一体化供水为抓手，优先完成地表水清洁水源替换本底超标和近期难以治理的地下水型水源，保障农村饮用水安全。规范饮用水水源地日常监管制度，加大水源地保护执法监管，严厉打击和查处破坏和污染水源地的违法行为。

（三）建立健全水源到水龙头全过程监管制度

强化居民水龙头的健康安全保障体系。各级政府及供水单位应定期监测、检测和评估本行政区域内饮用水水源、供水厂出水和用户水龙头水质等饮水安全状况，健全完善供水单位检测+监管部门监测+公众监督的水质综合监督管理体系，细化落实从源头到水龙头的各供水主体、监管主体水质安全保障责任。建立生态环境、水务、卫生健康等相关部门的协作机制，加强数据资源共享，探索建立完善的全链条饮用水水质监督和风险预警平台，推进生活饮用水健康智慧管理能力的提升。

强化水厂及二次供水管控。加强城市二次供水设施改造和专业化运行维护，将具备改造条件的生产生活片区纳入老城区改造范围。定期进行供水设备检查和清洗消毒，提高入户水质。在有条件的区域，探索建立以居民水龙头出水水质达标考核结果付费的市场机制，创新实施"优质优价、劣质惩罚"，探索按照水龙头水质状况和居民满意程度支付用水费用，决定供水单位经营主体新模式，建立供水保障机制改革和特许经营退出新机制。推行"水厂到水龙头供水一体化"管理模式，强化二次供水水质的监测，鼓励二次供水设施的委托运营，支持供水单位向社会提供二次供水设施建设改造运营、户内用水设施安装维修等有偿服务，打通供水"最后一公里"，促进我省二次供水水质监管进一步走上制度化、规范化和法治化轨道。

（四）逐步探索直饮水供给体系建设

开展直饮水试点建设。按照"政府引导、市场为主""优水优用、优质优价"原则，综合采取优质原水+深度水处理+优质管道和普通管道供水等措施，有序推进海口江东新区、三亚中央商务区、三亚崖州湾科技城等重点地区高品质饮用水设施建设，水质率先满足直饮要求。

开展直饮水相关技术标准研究。探索采用优质水源地作为直饮水供水水源的实施途径，研究计量和付费标准及方式。开展直饮水水质、供水管道建设、运维管理等标准规范研究。

二、巩固深化城镇内河（湖）整治

深化城镇内河（湖）治理。巩固《海南省城镇内河（湖）水污染治理三年行动方案》和《海南省污染水体治理三年行动方案（2018—2020年）》实施成效，以城镇内河（湖）面貌改善、水生态质量提升、人民群众满意为根本落脚点，以更高定位、更大力度、更实举措加快推进全省城镇内河（湖）整治工作，巩固整治成效，给人民群众提供更多高质量的水生态产品。

三、梯次深化黑臭水体整治

保障地级市建成区黑臭水体长治久清。巩固提升地级市建成区黑臭水体治理成效，保障城市黑臭水体不返黑返臭。全面消除市县建成区黑臭水体。采取控源截污、内源治理、生态修复等措施，加大黑臭水体治理力度，2022年底前完成县级城市建成区水体排查，开展水质监测，建立县级城市建成区黑臭水体清单，公布黑臭水体名称、责任人及达标期限，制定实施整治方案；2025年底前完成黑臭水体治理目标。统筹实施农村黑臭水体治理。开展农村黑臭水体校核工作，将农村黑臭水体治理统筹纳入农村生活污水治理规划，开展农村黑臭水体治理试点示范，全面开展农村黑臭水体综合治理，建立长效机制。到2022年，国家农村黑臭水体试点市县三亚市和东方市辖区农村黑臭水体整治比例达到90%以上，国家农村生活污水治理试点市县琼海市、澄迈县、琼中县辖区农村黑臭水体整治比例达到70%以上，五个试点市县纳入国家监管的农村黑臭水体全部消除。通过试点治理，形成可复制可推广的典型农村黑臭水体治理技术模式和长效机制。到2025年，全省农村黑臭水体整治比例在45%以上，纳入国家监管的农村黑臭水体整治比例在50%以上。

四、全面实施美丽幸福河湖创建

印发美丽幸福河湖创建工作方案。深化河长制湖长制工作，研究印发全省美丽幸福河湖创建行动方案，明确美丽幸福河湖创建指导意见、评价标准和创建名录；各市、县结合本市县实际，着眼"十四五"发展规划，对标海南自由贸易港建设的高要求，结合乡村振兴战略，谋划和研究本市县美丽幸福河湖创建行动方案。

全面开展"美丽幸福河湖"创建行动。围绕"美丽幸福河湖+生态修复+乡村振兴+旅游+文化"等主题，以"生态优先，因地制宜，以人为本，属地负责"为指导思想，以打造"景色宜人的幸福河湖、人水和谐的生态河湖、地域韵味彰显的特色河湖、传承共融的魅力河湖"为主要任务，通过软文化、硬环境的提升，打造生态自然优美、人文环境浓郁、人水和谐共生的热带河湖精品，实现"一城一镇一河（湖），一河（湖）一景一文化"，提升人民群众的幸福感和获得感。

第三节 持续推进水污染治理

一、重点推进城镇生活污水收集与治理

(一)大力推动城镇污水收集管网建设

全面开展城镇污水收集管网排查。把污水管网建设作为海南水环境综合整治首要任务和补短板工程,重点对城镇建成区污水管网底数进行全面摸排,结合智慧海南、智慧城市等项目建设,基本摸清我省城镇污水管网布局、数量、质量等基础情况,搭建信息化管理系统;2022年底前,海口、三亚和儋州等地级市,率先绘制完成地下污水管网图,其他市县应在2025年底前完成。

重点实施现有城镇污水收集管网改造。各市县在污水收集管网排查基础上,重点实施管网混错接改造、管网更新、破损修复改造,全面提高污水有效收集率,破解污水处理设施"两低"顽疾;2025年底前,琼海、琼中、保亭、昌江、五指山、文昌等市县优先完成进水浓度较低的污水处理厂收水范围内污水管网改造,有效解决辖区城镇污水处理厂长期进水浓度低、超负荷运行问题。

逐步开展空白区污水收集管网建设。推进城中村、老旧城区和城乡接合部的污水收集管网建设,基本消除管网空白区。新建污水收集管网应采取分流制系统。海口、儋州、乐东、临高等合流制管道占比较高的市县,应加大雨污分流改造力度,稳步推进雨污分流管网改造和建设;对于暂不具备雨污分流改造条件的区域,要采取溢流口改造、截流井改造、增设调蓄设施等措施控制溢流频次,尽可能减少合流制管网溢流污染。推动城镇生活污水收集处理设施"厂网源一体化"。

(二)科学谋划城镇污水处理设施建设和提标升级

有序推进建制镇污水治理工程。海口、文昌、万宁、乐东、保亭等城区污水处理能力不足的市县,积极谋划新建、扩建污水处理厂。合理安排项目建设时序,按照重点镇及水环境敏感区、水源地上游、沿海、水环境质量未达到目标的区域建制镇优先,同步加快推进其他建制镇污水处理设施建设。对城镇周边一定范围内具备条件的农村生活污水,统筹衔接纳入城镇污水处理厂集中处理。坚持"厂网并举、管网优先"的原则,按照厂网同步设计、同步施工、同步投入运营,加快推进建制镇生活污水管网建设,避免出现重厂轻网或因配套管网建设滞后而无法按时通水运行的情况。到2025年底,海口、三亚生活污水集中收集率原则上达到70%,其他市县集中收集率提高7个百分点。推动

各市县城区新增投入运营污水处理能力 55 万吨/日，新增和改造污水收集管网 1 000 公里以上。

科学谋划城镇污水处理设施提标升级。根据水环境保护目标、水环境承载能力、水资源禀赋和技术经济条件，优先对排水去向为三大江流域源头或干流、五大湖库及近岸海域重要汇水区域等敏感区域的城镇污水处理设施进行科学论证，合理确定污水处理厂排放限值。对出水不能达到水生态环境质量要求的污水处理厂，加快开展提标改造。"十四五"期末，全省城镇生活污水处理设施全面达到一级 A 排放标准，水环境敏感区、水源地上游及水环境质量未达到目标的区域可适当提高尾水排放标准，由各市县因地制宜科学论证、谋划推进。白沙、琼海、陵水、乐东和屯昌等排入水源地上游或内河（湖）等水环境敏感区域的污水处理厂，试点开展人工湿地水质净化工程建设，强化尾水脱氮除磷深度处理，保障饮用水安全和下游监控断面水质稳定达标。推进生活污水处理厂污泥无害化处置和资源化利用。

二、稳步实施农村人居环境整治

（一）完善多部门统筹机制

开展人居环境整治提升行动，健全省负总责、市县乡镇抓落实的农村工作领导机制，统筹抓好农村人居环境整治工作，系统推动农村生活污水治理、农村垃圾治理、厕所改造、减药减肥、饮用水达标、生态农业、村镇规划等相关工作，集中人力物力，形成合力，打造美丽乡村。不断完善人居环境治理体系，压实地方政府的属地责任，将农村生活污水治理作为农村人居环境整治五年提升计划的关键工程，切实抓好农村生活污水治理工作。

（二）建立"建、管、用"长效责任机制

落实《关于推进农村生活污水治理建、管、用一体化的指导意见》，建立由项目单位全链条负责项目调查、设计、建设、运维的机制。

（三）强化科学治理和行政监管

科学编制县域农村生活污水治理专项规划。依据排水去向，以农村生活污水资源化利用为导向，以村内收集系统为重点，以"用得起、好用、有效"为基本原则，因地制宜，科学选择污水处理工艺与排放标准，分类、分阶段确定 2023 年和 2025 年需完成治理的村庄和建设时序，形成可实施的项目清单。完善农村生活污水治理"建、管、用"长效监管措施。到 2023 年，基本完成环境敏感区、城镇周边地区和人口集聚区域农村生

活污水治理；争取 2024 年底全省农村生活污水治理率达到 85%以上；2025 年底基本完成全省全部行政村及自然村（含农林场队）农村生活污水治理，全省农村生活污水治理率达到 90%以上，全省农村黑臭水体整治比例在 45%以上，纳入国家监管的农村黑臭水体整治比例在 50%以上。

三、逐步开展农业种植业面源污染治理

（一）逐步摸清种植业面源污染底数

完善农业面源调查核算体系。基于统计、农业农村、市场监督管理等部门工作基础，整合完善种植业面源调查核算技术规范，以化肥、农药为重点，在三亚、乐东、琼中等重点区域开展试点，探索利用生产供销、农资销售等渠道，以市场端为主、消费端为辅，建立化肥农药施用量调查核算方法，科学统计全省化肥农药实际施用量。

编制种植业面源污染控制清单。系统分析农业污染源活动水平、污染物入河风险、受纳水体水质状况以及地下水敏感程度等农业面源污染的重要影响因素，确定农业种植业面源污染控制区风险分级方法，划分全省农业面源污染控制单元，按照高中低风险分级，以市县为单位编制控制单元清单，识别农业面源污染高风险地区，明确治理次序，并定期对控制单元清单进行动态更新。

强化种植业面源污染监测。加强种植业面源遥感识别、汇入水体的流量与污染物浓度监测、受纳水体水质和流量监测，制定全省统一的农业面源监测技术规范，利用高分遥感监测技术，对典型污染源开展时空遥感动态监测。基于全省地表水环境质量监测网，结合全省农村环境质量监测，采用更新改造、共建共享和新建相结合的方式，优先在高风险地区设置对照断面和控制断面，加强对暴雨、汛期等重点时段和农田退水等区域的监测。在农业农村部农业面源国控监测网的基础上，重点在 10 万亩及以上大中型灌区农田灌溉用水和农田退水进行长期监测，摸清种植业面源污染物产生和排放情况。

（二）提升种植业面源治理能力

完善种植业面源污染防治政策机制。健全法律法规制度，适时制定修订肥料管理等对农业面源污染有重大影响的法律法规。加强化肥农药生产经营管理和使用指导，推动精准施肥，科学用肥。优化经济政策，研究制定化学农药化肥减量支持政策，优先支持水源地保护区内种植业治理和清退工作，探索在水源地、生态重点保护区域（中部山区市县）划定化学农药化肥零施用区，提高品质增加价值，创新生态价值实现路径。

建立多元主体共管共治新模式。加快农业绿色转型发展，推进农业面源污染治理市场化，加强专业技术管理。发展农资绿色配售，推动农资经营商成为污染防治的重要主

体和信息传导枢纽，引导农户使用绿色高效的肥料和农药，推动统一生产管理、统一订购农资、实施品牌认证等标准化生产，形成"政府—市场—农户"多元共管共治体系。全面开展种植业面源治理试点建设，在三亚、乐东和东方等市县，以减小种植业面源对水环境的影响为目标，实施综合治理试点项目，形成一批可推广可复制的试点经验和工程。

四、全面提升畜禽和水产养殖污染治理水平

（一）持续推进畜禽养殖禁养区养殖清退和治理

持续推进畜禽养殖禁养区养殖清理退出工作。完善疏导政策，推进退塘还林还湿还田。加强监督检查，防治违规养殖反弹。加强对非规模化畜禽养殖户的引导，推进畜禽散养改圈养，提高规模化养殖比重，推动畜禽养殖行业转型升级。

整体推进畜禽养殖废弃物资源化利用。以乡镇为单位，整体推进集中化畜禽污染治理，协同推进农业有机废弃物资源化利用。结合区域土地消纳能力，科学确定养殖规模。建立畜禽养殖粪污资源化利用循环链，衔接"减药减肥、气化海南"目标，有机肥优先保证水源地区域使用，实行绿色有机农产品认证，解决沼气发电上网的政策"瓶颈"问题。

（二）全面开展水产养殖污染治理

探索生态化水产养殖新模式。借鉴浙江、江苏等先进省份经验，在文昌、东方、琼海、陵水及临高等市县，探索开展多品种混养和稻渔综合种养等生态化、绿色化养殖新模式试点，调整养殖种类，试养和推广效益好、污染少的优良品种，推进罗非鱼养殖减量提质转型，推广罗非鱼养殖标准化、集约化建设。

实施水产养殖尾水治理。开展水产养殖取水许可和排污许可"双许可证"试点，实施水资源使用收费与许可以及排污许可制，严格管控废水排放，不达标区域流域提高排污标准，在文昌和琼海开展试点工作，利用"区块链"技术，探索水产养殖溯源系统，从育苗、饲养、加工、流通、销售等全程溯源，建立养殖投入品污染监管制度。研发淡水养殖废水治理新技术，探索循环饲养零排放新技术，在珠溪河、文教河和罗带河开展养殖尾水治理试点建设，推广集中连片池塘养殖尾水处理技术模式，实现养殖废水循环利用或达标排放。

五、强化工业污水达标排放

严格落实"三线一单"管控要求。优化产业空间布局，按照我省划定的"三线一单"水生态环境分区管控单元和综合管控单元，依据管控要求和生态环境准入清单严格把控

项目准入，实行差别化环境管控。

全面推行排污许可制度。基于地表水水质达标的水环境容量总量控制和排污许可管理，积极推进全省排污许可证核发和证后监管工作，全面推行排污许可管理，2023年底前，对所有涉及排污单位的排污许可证完成质量复核及执行报告抽检，2025年实现所有持证排污单位证后监管全覆盖。合理利用海洋自然资源，沿海市县开展科学规范有序深海排放试点建设工作。

加强园区污水处理基础设施建设。依托排污许可证信息，建立"水体—入河排污口—排污管线—污染源"全链条管理的水污染物排放体系，全面推进工业园区污水处理设施建设和污水管网排查整治，产业园区须配套污水集中处理厂和污水管网建设，工业废水须经预处理达到集中处理要求，方可进入污水集中处理设施，新建、升级产业园区应同步规划、建设污水、垃圾集中处理等污染治理设施。

第四节　逐步拓展水生态保护与修复

一、全面开展水生态调查评估

构建水生态调查评价指标体系。按照物理、化学、生物完整性要求，选择南渡江、昌化江和万泉河等典型流域开展重点流域生态环境调查评估，研究并建立符合海南省热带岛屿流域特征的水生态调查评价指标体系。

开展流域水生态环境调查评估。遵循"循序渐进、重点突出、总体谋划、分步实施"的原则，开展全省水生态现状调查评估，重点围绕南渡江、昌化江和万泉河等三大江流域，开展全省分类、分区、分级的水生态调查评估，掌握全省水生态状况及变化趋势，为全省水生态保护、生态修复提供科学支撑。

二、实施河湖生态缓冲带和湿地恢复建设

全面实施河湖生态缓冲带修复。严格水域岸线等水生态空间管控，依法划定河湖管理范围，开展河湖岸线保护与利用现状调查评估，科学划定河湖生态缓冲带，优先将河湖生态缓冲带纳入岸线保护区和保留区。强化河湖生态缓冲带监管，对岸线乱占滥用、多占少用、占而不用等突出问题开展清理整治，恢复河湖水域岸线生态功能。开展河湖生态缓冲带修复与建设试点，以三大江和非优良水体等重点河流，湖山水库、高坡岭水库，以及城市集中式饮用水水源地为试点区域，结合生态沟渠、滞留塘，逐步恢复河岸带生态系统功能，增强面源污染的拦截、净化功能。总结形成一批有实效、可示范、可推广的生态缓冲带修复与建设项目。实施陵水河、望楼河、宁远河等河流下游河段硬质

护岸进行生态化改造,提高水体自净能力。

推进湿地恢复与建设。全面开展全省湿地状况调查,按照应保尽保的原则,2022年底,完善海南省重要湿地名录,将具有重要生态价值的湿地纳入,结合国土空间规划、"三线一单"要求,组织符合要求的单位申报国家重要湿地。因地制宜开展湿地保护与修复,优先开展重要湿地、湿地自然保护地以及水鸟生态廊道退化湿地的生态修复和湿地生境恢复,建设滨岸生态景观带。把人工湿地公园建设作为提高治水治污效果的重要抓手,因地制宜在大型污水处理厂下游、河流交汇处、重要河口等关键节点建设湿地公园。

三、探索水生生物多样性保护与修复

加快水生生物资源保护区划定和保护。加强南渡江、万泉河和昌化江及主要河流重要鱼类和水生生物种质资源区域调查,绘制产卵地、栖息地分布图,依据淡水鱼类资源现状,选取模式物种、特有土著物种、濒危物种及名贵物种作为水产种质资源保护的主要对象,优先完成南渡江入海口、昌化江入海口以及昌化江什运段水产种质资源保护区建设,有计划、有针对地逐步建设省级和国家级水产种质资源保护区。研究特有土著鱼类人工繁殖,实施土著鱼类和水生植物恢复工程,通过增殖放流等技术,率先在南渡江、昌化江、万泉河流域恢复尖鳍鲤、海南长臀鮊、盆唇孟加拉鲮、水蕨、普通野生稻、延药睡莲等。

有序开展水利工程清退。开展流域面积1 000平方公里以上主要河流闸坝运行状况及水生态环境影响调查评估,进行防洪影响评价,有序拆除影响河道连通性的废旧拦河坝,加强河道连通性,保障河流下游生态流量。全面禁止新建小水电项目,按照《海南省小水电站清理整治方案》《海南热带雨林国家公园内小水电站清理整治一站一策实施方案》,继续推进小水电清理整治,逐年分批对现有小水电站有序实施生态化改造或关停退出,保留水电站应科学设置生态需水泄流设施、过鱼设施,推进绿色小水电发展,到2025年初步形成小水电绿色发展格局。

严厉打击非法采砂等行为。加快全省采砂专项规划制定修订。制定修订海南省及各市县河砂资源利用专项规划,依据资源禀赋和水生态环境承载能力,划定河砂禁采区,严格落实南渡江、昌化江和万泉河采砂规划有关要求,严格保护河砂资源和水生态系统稳定。严格监管和损害赔偿修复。在水生态修复能力下降河段、水环境脆弱河段,严格控制采砂活动,保护河道底质砂石资源。加强生态环境监管和行业监管,推进水生态环境损害责任赔偿,依法打击违规采砂等人为生态破坏活动。开展河段采砂区域生态环境现状调查,制定采砂水生态环境恢复治理方案,重点推进南渡江、珠碧江等采砂区域生态恢复。

四、推进重点流域区域水生态修复建设

重点实施三大江流域水生态保护与修复工程。 强化三大江河源头区生态保护红线管控与重要水源涵养区保护修复，加强重要水源涵养区监督管理，构建中部水塔安全屏障。严格保护全省热带雨林资源，加大对次生热带雨林植被修复力度，对坡度25°以上的耕地逐步退耕还林；对集中式饮用水源地集雨区实施退耕还林、退果还林。推进南渡江水系廊道生态保护修复，通过补建松涛水库生态流量泄放设施、在迈湾水库及下游建设过鱼通道等措施，改善流域水生生物生境。以保护国家二级保护动物花鳗鲡为重点，对昌化江干流大广坝水库、戈枕水库及保留的各类水电站增设过鱼设施，打通鱼类洄游"生命通道"。对万泉河部分重点河段进行生态化改造，修复美化河流自然岸线，探索流域治理和河湖保护+旅游开发新模式。

城镇内河（湖）水生态功能恢复。 以城镇内河（湖）治理为重点，着力将硬质河床护岸改造为滩涂、湿地等生态系统，通过增殖放流和适度捕捞相关结合，完善螺蚌等底栖动物和鱼类生态功能，实施城镇内河（湖）水系连通工程，对将尾水排入城镇内河（湖）的城镇污水处理厂有序开展提标改造，将尾水作为城镇内河（湖）生态补水，系统提升城镇内河（湖）水生态功能。

第五节　科学实施水资源节约集约利用

一、全力保障河流生态流量

实施全岛流域水资源科学智慧调度。 制订流域水量调度方案和调度计划，加强大型水库生态调度和管理，优先满足生活用水，保障基本生态用水，统筹农业、工业用水以及水力发电等需要。探索实施全岛全流域水资源科学智慧调度，推进水资源和水环境监测数据共享，从防洪和水生态保护出发，建立多部门水资源调度会商机制。加强对水库、闸坝等水利工程的科学调度，合理利用洪水资源，在保证工程安全的前提下，尽可能多拦多蓄，增加枯水期用水。强化枯水期水源统一调配，科学协调各方各时段用水需求，优先保障旱区城乡居民生活用水，合理安排生态和生产用水。

加强主要河流生态流量保障。 全面开展我省流域减流、脱水、断流状况调查，将水体生态目标前置，率先完成南渡江、万泉河、昌化江和宁远河生态流量保障实施方案，分批制定主要河流生态流量保障方案，合理确定河流生态需水量和重要控制断面生态流量，落实泄放条件，严格管理措施，扩充水体水环境容量，守住"河流不断流、生态功能不退化"的红线，加强生态流量保障工程建设和运行管理。到2023年，南渡江、昌化

江、万泉河、陵水河、宁远河、北门江、太阳河和望楼河 8 条主要河流按照生态流量要求下泄生态流量。到 2025 年，列入"十四五"海南省地表水环境质量监测网络的有控制性工程或流量保障措施的主要河流生态流量得到有效保障。

二、大力推进水资源节约利用

（一）强化水资源承载能力刚性约束

建立水资源承载能力监测预警机制。健全省、市、县（区）三级行政区域水资源消耗总量和强度双控指标体系，强化节水约束性指标管理，严格实施区域水资源消耗总量和强度双控行动。以市县为单元开展水资源承载能力评价，划定水资源承载能力地区分类，实施差别化管控措施，建立水资源承载能力监测预警机制，强化水资源承载能力对经济社会发展的刚性约束。建立健全规划水资源论证制度和建设项目水资源论证制度。

（二）全面推进节水型社会建设

建立健全节水管理制度。落实最严格水资源管理制度，将用水总量控制指标逐级分解到不同行政区域，严控区域、行业用水总量和强度，推动用水方式由粗放向节约集约转变。对用水量达到或者超过区域总量控制指标的地区，鼓励通过地区间、行业间、用水户间水权交易解决新增用水需求。

推动重点领域节水。全面落实海南省节水行动实施方案，突出加强农业节水增效。加大大中型灌区续建配套与节水改造力度，完善农业灌溉用水计量设施，以农田精准滴灌替代大水漫灌。总结推广海口、三亚、陵水、昌江等市县农业水价综合改革经验，进一步建立健全农业水价形成机制、农业用水精准补贴和节水奖励机制，普及节水灌溉技术，持续提高南繁育种基地、冬季瓜菜基地、花卉基地和休闲观光农业等项目的高效节水灌溉水平。鼓励开展城镇供水分区计量。推进公共机构和居民家庭节水，普及推广节水器具，严控高耗水服务业用水。加强工业节水减排，积极推行水循环梯级利用。开展形式多样的节水主题宣传活动，提高公众节水意识。到 2025 年，用水总量控制在 53.15 亿立方米以内，万元国内生产总值用水量和万元工业增加值用水量下降均达到国家下达要求，农田灌溉水有效利用系数提高到 0.58，耕地灌溉面积达到 678 万亩。

（三）深化水价改革

推进水资源使用权确权。明确行政区域取用水权益，核定取用水户许可水量。建立水权交易制度，在赤田水库流域开展综合补偿试点，探索优质水源生态价值转化途径。推进建立水权交易平台，加强水权交易监管。

持续深化水价改革。持续深化城镇供水价格改革，建立健全激励提升供水质量、促进节约用水的价格形成和动态调整机制，合理制定城镇供水价格。深入推进农业水价综合改革，落实超定额累进加价制度，建立与节水成效、调价幅度、财力状况等相匹配的农业用水精准补贴和节水奖励机制。建立使用再生水（中水）的企业水价优惠制度。

（四）提高非常规水资源利用水平

加大非常规水源利用力度。推动非常规水源纳入水资源统一配置，因地制宜合理布局再生水利用设施，城乡绿化、环境卫生、建筑施工、道路以及车辆冲洗等市政用水，冷却、洗涤和灌溉等工农业生产用水，观赏性景观、河湖湿地生态补水等环境用水，有条件的优先使用再生水。在洋浦经济开发区等重点园区用水量较大的企业探索企业间用水系统集成优化，推进串联用水、分质用水、一水多用和梯级利用。结合海绵城市建设，综合采用渗、滞、蓄、净、用、排等措施，加大城市降雨就地消纳和利用比重。推行沿海市县工业企业直接利用海水冷却，加大重点岛礁和沿海缺水城镇的海水淡化利用力度。

三、逐步实施水系连通及缺水地区水资源调蓄

推进地表水水体水系连通工程。结合《海南水网建设规划》，充分利用已建各类具有水资源调配能力的调蓄水库、连接渠系等，采取合理地疏导、沟通、引排、调度等工程和非工程措施，加快推进江河水库水系连通工程，重点城镇内河（湖）水系连通工程建设，实施海口市、陵水县、临高县、东方市、儋州市等流域综合整治与水系连通工程，提升水环境质量和河湖生态功能，逐步恢复城镇水体补给系统。

实施缺水地区水资源调蓄。针对乐东、三亚沿海片区缺水问题，在昌化江干支流建设水源工程，分别引水至长茅、大隆等水库，解决该片区生活、生态和生产用水需求。利用昌化江大广坝水库建设引大济石工程补充昌江水源，缓解昌江县用水压力。

第六节　系统开展水环境风险防范

加强环境风险预防设施建设。强化工业园区环境风险防范，落实工业企业环境风险防范主体责任，以石油、化工、涉重金属等企业为重点督察对象，以洋浦和东方等化工园区及危险化学品码头为重点预防区域，按要求设置生态隔离带，建设相应的防护工程，强化工业企业应急导流槽、事故调蓄池、应急闸坝等事故排水收集截留设施等建设，合理设置消防事故水池。

提升环境风险预警能力。加强环境风险调查评估，以集中式地表水、地下水饮用

水水源保护区、饮用水水源取水口和农灌引水口、水产种质资源保护区和水产养殖区、天然渔场等为重点，开展环境风险评估，开列风险源清单，到 2022 年底前全部完成。

重点开展新污染环境风险评估研究。重点开展水环境，特别是饮用水中环境内分泌干扰物（EDCs）、全氟化合物等持久性有机污染物、抗生素、微塑料等四大类新污染物环境风险调查和研究，开展重点风险行业新污染物排放情况排查，剖析水环境中新污染物的来源、种类、环境浓度、迁移转化规律、环境暴露量与健康损害之间的因果关系以及致毒机制，建立新污染物监测、阻断与管理体系，划定新污染物地图，制定优控新污染物清单。开展畜禽和水产养殖投入品污染监管制度，重点监控抗生素、环境激素等新污染物并溯源，建立重点行业高环境风险新污染物清单和重点排放源清单。

强化环境风险应急处置。强化环境风险应急协调联动机制建设。跨市县主要流域上下游政府按照自主协商、责任明晰的原则，到 2022 年，全面建立跨市县主要流域上下游突发水污染事件联防联控机制，统筹研判预警、共同防范、互通信息、联合监测、协同处置等全过程。全面提升环境风险应急处置能力。开展环境应急资源调查，建立健全重点环境应急资源信息库，加强环境应急资源储备管理。探索政府、企业、社会多元化环境应急保障力量共建模式，开展环境应急队伍标准化、社会化建设。完善应急组织指挥、应急响应、应急处置和应急保障等制度，定期组织培训和演练。

第七节　全面补齐水生态环境保护基础能力短板

一、优先补齐水生态调查监测能力薄弱短板

全面开展水生生物本底调查研究。对南渡江、昌化江、万泉河、新吴溪、珠碧江、定安河、陵水河和宁远河等 8 条流域面积 1 000 平方公里以上的主要河流、10 宗大型水库，及中度以上污染程度的主要河流，探索开展鱼类、浮游动植物和大型底栖动物的资源本底调查和鱼类的产卵场、索饵场、越冬场和洄游通道等栖息地环境的调查监测工作，出版更新海南岛淡水鱼类志等。开展南渡江、昌化江和万泉河三大江流域鱼类等水生生物资源状况常态化监测，积累基础资料，摸清三大江流域水生生物多样性的威胁程度。

强化"三水统筹"水生态环境监测网络。完善地表水环境质量监测网络，强化饮用水源水质监测，进一步拓展自动监测指标和覆盖范围，建设地表水环境质量预警体系，开展入河（海）排污口与农业面源试点监测，重点拓展并逐步形成水生态监测体系，优先在南渡江、万泉河和昌化江三大江流域开展水质、生态流量与水生生物同步监测，推动水质监测向水生态监测转变；开展持久性有机污染物、抗生素和内分泌干扰物等新型

污染物监测；强化海南岛水生态环境遥感监测，以水体植被盖度、浮游植物和微生物群落和底栖动物等为重点，基于生物调查、遥感等技术手段，研究适合热带岛屿气候特色的水生态质量监测指标体系及评价排名办法。探索建立水生态健康评价制度，统筹建立水资源、水生态和水环境监测评价体系，以主要河流、城镇饮用水水源地为重点，建立定期水生态健康评价制度，掌握河流水生生物群落特征，以及水库水质富营养化状况，浮游动植物、底栖动物群落结构等特征。

强化水生态相关人才引进和培养。建立健全更具活力的人才激励和培养使用机制。重点支持开展补充水生态监测能力建设，全面补齐水生态调查监测能力短板。

二、全面推进入河排污口排查整治

按照"查、测、溯、治"原则，制定海南省入河排污口排查整治工作方案，制定全省入河排污口排查技术规范，系统推进全省入河排污口排查整治，明确入河排污口责任主体。按照"取缔一批、合并一批、规范一批"要求，实施入河排污口分类整治。到2024年，基本完成国控地表水体、主要问题水体、具有饮用水功能的重点河流水库入河排污口排查，基本完成劣Ⅴ类水体中明显影响水质的入河排污口整治工作。

三、重点实施热带岛屿城市水环境整治技术研发与示范

选择典型地区，开展农田退水污染、热带经济林、热带水果和水产养殖尾水污染全过程管控研究，掌握主要污染物污染排放规律和特征，加强源头防控、过程削减和末端修复的技术研究和应用。根据各流域污染物排放规律、水生态环境承载力和水质考核要求，实施流域排放标准制定，试点开展南渡江、昌化江、万泉河等三大江流域以及珠溪河流域水污染物排放标准制定工作。联合国内相关科研院所和高校，开拓热带岛屿流域水生态环境保护可行性技术规范及示范研究，实施一批流域水生态治理和修复的标杆和范例。

四、开展流域生态环境资源承载能力监测预警体系研究

联合生态环境、水务、农业农村、自然资源和规划等部门，组建流域生态环境资源承载能力监测预警体系科研团队，开展流域生态环境资源承载能力监测预警体系关键技术科研攻关，开发流域生态环境资源承载能力监测预警系统，建立流域生态环境资源承载能力监测预警长效机制，定期发布流域生态环境资源承载能力监测预警数据与评价结果，按照流域生态环境资源承载能力状况实施精细化、差异化的管控机制。

专栏 1　南渡江流域水生态环境保护要点

南渡江以流域综合治理为主。（1）进一步改善源头水地区和水源涵养区水质，强化松涛水库水源保护区建设，开展面源治理，实施入库河流整治。（2）大力推进白沙、屯昌、定安、澄迈等市县城乡生活污水处理设施及配套管网建设，以屯昌和澄迈为重点加强农业面源污染防治。（3）实施南渡江流域中下游段水生态修复及综合治理工程，开展铁炉溪流域水环境综合整治，建设巡崖河河口生态湿地、白水塘和大浪底湿地公园，开展龙塘坝改造，新建过鱼通道。（4）以海口市和定安县为重点，实施城镇内河（湖）治理，开展重要河段水系连通工程建设。（5）以新吴溪（龙州河）为试点，系统推进入河排污口溯源、分类整治和管控。（6）实施流域小水电清退，南渡江生态流量保障工程。

专栏 2　万泉河流域水生态环境保护要点

万泉河以水生态恢复为主。（1）实施重点流域生态调查与评估，补齐空白，恢复流域水生生物栖息地及产卵场，开展流域种质资源库建设。（2）开展源头琼中县国家热带雨林公园建设，实施水源涵养保护工程建设，封育自然修复和涵养林草建设相结合的保护措施，提高水源涵养能力。（3）强化牛路岭水库和红岭水库水源地保护区建设，谋划中部山区大型水库集中向全岛进行饮用水供给，实现全岛同城集中供水。（4）实施琼海市城镇内河（湖）治理和塔洋河治理。（5）实施流域小水电清退，万泉河生态流量保障工程。

专栏 3　昌化江流域水生态环境保护要点

昌化江以小水电和综合治理为主。（1）以五指山市为重点，推进昌化江干流源头水保护区，穿越五指山市城区的通什水等支流改善。（2）实施流域小水电清退，昌化江生态流量保障工程，保障大型水库下游和重点河段生态基流。（3）强化大广坝水库水源保护区建设。（4）以乐东县和昌江县为重点，推进城镇生活污水管网和处理能力改造提升工程建设，实施石碌河等城镇内河（湖）治理。（5）实施昌化江流域中下游段水生态修复及综合治理工程，建设生态湿地超过 1 000 亩，开展入海口的水生态恢复。

专栏4　海南岛东北部诸河水生态环境保护要点

东北部流域以水污染治理为主。（1）珠溪河流域水环境综合整治工程（含湖山水库）。（2）文教河流域水环境综合整治工程。（3）文昌江流域水环境综合整治工程。（4）竹山溪流域水环境综合整治工程。（5）演州河流域水环境综合整治工程。（6）文昌市城镇内河（湖）治理。（7）文昌市畜禽养殖废弃物资源化利用试点工程。（8）文昌市淡水养殖尾水治理试点工程。

专栏5　海南岛南部诸河水生态环境保护要点

南部流域以水污染治理和水资源保障为主。（1）罗带河流域水环境综合整治工程（含高坡岭水库）。（2）东山河流域水环境综合整治工程。（3）三亚河流域水环境综合整治工程。（4）望楼河流域水环境综合整治工程。（5）三亚市城镇内河（湖）水环境综合整治工程。（6）东方市城镇内河（湖）水环境综合整治工程。（7）陵水县城镇内河（湖）水环境综合整治工程。（8）宁远河生态流量保障工程。（9）万宁市淡水养殖尾水治理试点工程。（10）东方市淡水养殖尾水治理试点工程。（11）东方市西湖湿地生态修复及水系连通工程。

专栏6　海南岛西北部诸河水生态环境保护要点

西北部流域以水污染综合治理为主。（1）南罗溪流域水环境综合整治工程。（2）珠碧江流域水环境综合整治工程（含珠碧江水库）。（3）北门江流域水环境综合整治工程。（4）文科河流域水环境综合整治工程。（5）文澜江流域水环境综合整治工程。（6）花场河流域水环境综合整治工程。（7）排浦江流域水环境综合整治工程。（8）儋州市城镇内河（湖）水环境综合整治工程。

第四章　重点工程

"十四五"期间，实施供水保障、美丽幸福河湖创建、水环境综合整治、水生态保护修复、水资源优化配置、城乡环境基础设施建设、监管能力建设等七大类重点工程，实施项目共计26项，预计投入资金共计58.66亿元，工程建议共计7项。本次规划的重点工程项目实行动态更新和滚动管理，酌情申请国家专项、省级专项、地方各级财政支持，或筹集社会资金参与建设，在资金落实、建设条件成熟等情况下实施。本次工程项目清单和项目建议是"十四五"期间选择建设项目的重要依据和范围，不是必须完成的约束性任务。工程项目清单及项目建议详见附件1、附件2。

第五章　保障措施

第一节　加强组织领导

全面加强党对水生态环境保护的领导，夯实地方政府保护水生态环境的主体责任，把水生态环境保护目标、任务、措施和重点工程纳入本地区国民经济和社会发展规划及各相关专项规划，各市县可根据地方实际情况，制定实施本地区水生态环境保护"十四五"规划。加强统筹谋划，系统推进"三水统筹"治理。牢固树立统筹管水、系统治水思维，扭转"九龙治水，各自为政"局面，推动成立多部门成员的"治水办"，由省委、省政府直接领导，借鉴浙江省"五水共治"的经验，探索构建由生态环境、水务、资规、农业农村、住建等多部门共同参与的"大一统"管水治水机制，系统整治与修复"水环境、水生态、水资源"，强化与涉水相关规划衔接，一体协同推进。

第二节　加强资金保障

落实各级政府生态环境领域财政事权和支出责任划分要求，提高基层生态环境保护基本公共服务保障能力。建立常态化的财政资金投入机制，保障各级财力与事权相匹配。积极拓宽资金筹措渠道，整合涉生态环境保护各类资金。综合运用土地、规划、金融和价格等政策手段吸引社会资本加大投入。积极推行政府和社会资本合作，吸引社会资本参与准公益性和公益性环保项目。

第三节　健全和完善法规标准

进一步健全水生态环境保护的法规体系，完善河长制、湖长制有关制度规定，推进依法治水。结合海南省水污染特征和产业结构特点，针对畜禽养殖、水产养殖、种植业重点领域、重点行业研制一批水生态环境保护技术指南、污染防治工程技术规范等标准规范，适时编制或修订重点行业水污染物排放标准，推进重点流域水污染物综合排放标准的制定。全面实施排污许可管理制度，完善基于地表水环境质量达标的排污许可管理，在地表水超标区域试点实施更加严格的排污限值要求。

第四节　强化科技支撑

加强水生态环境领域基础科学研究，充分发挥科技创新驱动对水生态环境保护、建设生态文明的支撑作用。推动海南岛水生态环境管理智慧化发展。建立完善主要河流及城镇内河（湖）水质、水量、水生态监测网络，建立数据共享机制。加强流域社会经济发展与资源环境保护综合研究，建设流域生态环境资源承载能力监测预警平台。整合科技资源，通过相关国家、省、市级科技计划（专项、基金）等，围绕海南打造旅游业、现代服务业、高新技术三大主导产业，做强做优热带特色高效农业的产业定位，加快开展农业面源污染防治、农业节水和水资源循环利用、生态修复、畜禽养殖和水产养殖污染防治等关键技术研究研发和技术成果推广应用，完善"产学研"协同创新机制，构建"产学研"深度融合的创新体系。强化前沿技术应用，聚焦生态环境领域关键科技需求，开展技术协同创新，充分挖掘大数据、5G、人工智能、卫星遥感、无人机（船）、走航等前沿技术在水生态环境保护领域的应用。

第五节　严格评估管理

对规划确定的目标指标、主要任务和重点工程落实情况及时进行评估总结，在 2023 年和 2025 年分别对规划执行情况开展中期评估和终期评估。建立水环境形势分析机制，及时发现和解决突出水生态环境问题，动态跟踪规划实施进展，及时研究调整工作部署，确保规划顺利实施。

第六节　加强公众参与和监督

将水生态环境保护纳入公益宣传范围，充分运用网络、报纸、电视、广播等媒体深入开展宣传教育，增强社会公众对水生态环境保护的认知。进一步完善规划实施的公众参与和民主监督机制，健全公众环境保护投诉机制，充分运用手机 App、微信公众号等平台，结合组建社会监督员队伍等多种方式，引导鼓励公众参与水生态环境保护实施和监督，保障公众的知情权、参与权、表达权和监督权，凝聚社会共识，形成水生态环境保护合力，营造良好社会氛围。

附件 1 工程项目清单

序号	项目类别	项目名称	建设内容	实施市（县）	完成年限	投资估算/万元	责任部门
1	供水保障	澄迈瑞溪镇等 4 个镇级饮用水水源保护区规范化建设项目	在瑞溪镇南渡江、文儒镇敷雅水库、中兴镇敷雅水库、龙州河永发镇新吴等 4 个饮用水水源保护区建设隔离网、界桩、界标、宣传牌、交通警示牌及保护区内禁止事项宣传牌等设施	澄迈县	2022 年	435	澄迈县人民政府
2	供水保障	临高县地下水饮用水水源地保护规范化建设项目	在临高县 8 个镇（临城镇、博厚镇、多文镇、皇桐镇、东英镇、新盈镇、波莲镇、调楼镇）40 个饮用水水源保护区进行规范化建设，主要建设内容包括设置界标、交通警示牌、宣传牌等工程	临高县	2022 年	130	临高县人民政府
3	供水保障	琼中县百花岭水库饮用水水源保护区规范化建设项目	包括保护区整治与生态复工程，百花一、二村旧房拆迁及生态修复、导流沟、事故应急池工程等	琼中县	2023 年	3 170	琼中县人民政府
4	水环境综合整治	文昌市宝陵河水质达标治理工程	新建 4 座表面流人工湿地，共 7.1 万平方米；对 5 条生态沟进行改造，共 6 500 米	文昌市	2022 年	1 969	文昌市人民政府
5	水环境综合整治	东方市罗带河水环境治理工程	包括鱼塘养殖尾水处理工程、高坡岭水库面源污染控制工程、上游河道生态修复工程	东方市	2023 年	29 854	东方市人民政府
6	水环境综合整治	文昌市珠溪河流域综合整治工程	包括城镇污水处理厂建设、农村生活污水治理、湖泊入库口生态修复、河道生态修复、水产健康养殖示范工程等项目	文昌市	2025 年	37 540	文昌市人民政府
7	水环境综合整治	文昌市文教河流域综合整治工程	包括水产养殖污染管控、畜禽养殖污染管控、农业种植污染管控、城镇生活源管控、农村生活源管控措施	文昌市	2025 年	44 272	文昌市人民政府
8	水环境综合整治	珠碧江流域（白沙段）水环境综合治理项目	包括珠碧江水库前置库工程、破坏河床岸线恢复工程、水面清淤工程、龙尾溪河口段水生态修复工程、茶山河河口段水生态修复工程、农田退水生态净化工程、打拖河口湿地水质提升工程、打拖河星农场段河道整治工程、大岭河河口生态修复工程、连片水产养殖尾水净化试点工程等	白沙县	2025 年	19 864	白沙县人民政府

序号	项目类别	项目名称	建设内容	实施市（县）	完成年限	投资估算/万元	责任部门
9	水生态保护修复	南渡江水系廊道生态保护修复项目	包括松涛水库生态流量泄放设施及在线监测系统建设、谷石滩和九龙滩电站过鱼设施补建、腰子河 3 座小式电站拆除等	儋州市、琼中县、澄迈县	2024 年	53 000	省水务厅
10	城乡环境基础设施建设	海口市滨江西污水处理厂	新建污水处理厂设计规模 7 万米³/日，新建管网 6.7 公里，实际实施过程中将有所调整	海口市	2023 年	84 843	海口市人民政府
11	城乡环境基础设施建设	三亚市人才城水质净化厂工程	新建污水处理厂设计规模 1.5 万米³/日，新建管网 1.9 公里，实际实施过程中将有所调整	三亚市	2023 年	23 294	三亚市人民政府
12	城乡环境基础设施建设	排浦镇污水处理设施工程	新建污水处理厂总设计规模 0.5 万米³/日，新建管网 31.6 公里，实际实施过程中将有所调整	儋州市	2023 年	6 928	儋州市人民政府
13	城乡环境基础设施建设	五指山市主城区污水管网入户工程	新建管网 6.5 公里，实际实施过程中将有所调整	五指山市	2023 年	6 282	五指山市人民政府
14	城乡环境基础设施建设	东郊镇、东阁镇、昌洒镇、潭牛镇、重兴镇、冯坡镇、翁田镇污水处理设施及配套管网工程	新建污水处理厂设计规模 0.495 万米³/日，新建管网 266.8 公里，实际实施过程中将有所调整	文昌市	2023 年	55 710	文昌市人民政府
15	城乡环境基础设施建设	石壁镇、阳江镇、塔洋镇大路镇污水处理设施工程	新建污水处理厂设计规模 0.17 万米³/日，新建管网 37 公里，实际实施过程中将有所调整	琼海市	2023 年	12 489	琼海市人民政府
16	城乡环境基础设施建设	嘉积城区银海路及周边片区排水管网改造工程（二期）	新建管网 3.7 公里，实际实施过程中将有所调整	琼海市	2023 年	11 975	琼海市人民政府
17	城乡环境基础设施建设	琼海市爱华东路以南片区污水管网提质增效改造工程	新建管网 2.6 公里，实际实施过程中将有所调整	琼海市	2023 年	822	琼海市人民政府

序号	项目类别	项目名称	建设内容	实施市（县）	完成年限	投资估算/万元	责任部门
18	城乡环境基础设施建设	礼纪镇、三更罗镇、南桥镇、山根镇、大田镇、板桥镇、新龙镇、三家镇、天安乡污水处理设施建设工程	新建污水处理厂设计规模0.45万米³/日，新建管网220公里，实际实施过程中将有所调整	万宁市	2023年	97 821	万宁市人民政府
19	城乡环境基础设施建设	龙湖镇、龙门镇、黄竹镇、新竹镇污水处理及配套管网工程	新建污水处理厂设计规模0.2万米³/日，新建管网71公里，实际实施过程中将有所调整	定安县	2023年	25 222	定安县人民政府
20	城乡环境基础设施建设	南宝镇、波莲镇、皇桐镇、多文乡、博厚镇污水处理设施工程	新建污水处理厂设计规模0.52万米³/日，新建管网84公里，实际实施过程中将有所调整	临高县	2023年	7 537	临高县人民政府
21	城乡环境基础设施建设	千家镇、大安镇、志仲镇污水处理厂及配套管网工程	新建污水处理厂设计规模0.1万米³/日，新建管网21公里，实际实施过程中将有所调整	乐东县	2023年	7 932	乐东县人民政府
22	城乡环境基础设施建设	陵水县三才镇、群英乡、光坡镇污水收集管网工程	新建污水处理厂设计规模0.1万米³/日，新建管网54公里，实际实施过程中将有所调整	陵水县	2023年	14 211	陵水县人民政府
23	城乡环境基础设施建设	七坊镇、打安镇、荣邦乡污水处理工程建设PPP项目	新建污水处理厂设计规模0.55万米³/日，新建管网55.3公里，实际实施过程中将有所调整	白沙县	2023年	20 800	白沙县人民政府
24	城乡环境基础设施建设	十月田镇、叉河镇污水处理设施建设工程	新建污水处理厂设计规模0.52万米³/日，新建管网19公里，实际实施过程中将有所调整	昌江县	2023年	9 911	昌江县人民政府
25	城乡环境基础设施建设	湾岭、什运乡、中平镇污水处理（一期）工程	新建污水处理厂设计规模0.69万米³/日，新建管网12公里，实际实施过程中将有所调整	琼中县	2025年	10 480	琼中县人民政府
26	监管能力建设	万宁市集中式饮用水水源地水质自动监测站改造提升项目	万宁市集中式饮用水水源地、牛路岭水库饮用水水源地等两个水源自动监测站提标改造升级，使改造后水质监测站满足国家新的规范标准	万宁市	2022年	81	万宁市人民政府
合计						586 572	

附件2　项目建议

序号	项目类别	建设内容	实施区域
1	供水保障	（1）水厂与供水管网新、改、扩建项目：根据供水实际，以提升供水保证率和管网覆盖率、实现城乡供水一体化为目标，在无水厂、管网覆盖地区新建供水设施，对现有水厂和供水管网进行改造或扩建； （2）水源地保护工程：建设隔离工程，对水源地保护区内现有裸露地进行造林绿化，对水源涵养林进行生态保育；依法清退一级保护区内现有的农业种植和畜禽、水产等养殖	全省
2	美丽幸福河湖创建	打造一批生态自然优美、人文环境浓郁、人水和谐共生的海岛河湖精品，实现"一城一镇一条河，一河一景一文化"的建设愿景	全省
3	水环境综合整治	（1）全省入河排污口排查与整治工程：开展全省河流入河排污口排查与整治； （2）农田退水污染特征研究：选取南繁育种基地、水稻田和其他特色热带经济作物种植基地进行调查研究，明确农药、化肥等农业投入品施用造成的面源污染过程及污染强度； （3）养殖畜禽粪污综合集中利用项目：建设集中粪污处理和综合利用项目，建设有机化肥厂； （4）养殖尾水处理站建设项目：连片养殖区域淡水养殖户排放的废水进行集中收集和达标处理，建设尾水处理设施，并将处理后尾水回用于淡水养殖生产，包括建设池塘的清淤、池内管道布置、池塘防渗处理、生产道路、水质监控系统等； （5）农业面源污染入河调查：调查农业面源入河排污口情况，提出有针对性的措施和建议，为解决不达标水体整治提供方向； （6）典型行业和流域水环境风险调查：对农田退水和潮汐动力较弱的入海河口底泥的重金属、环境激素、抗生素和持久性有机污染物污染特征进行调查研究	全省
4	水生态保护修复	主要河流水库及城镇内河（湖）生态保护和修复项目：对全省主要河流水库及城镇内河（湖）建设生态保护和修复工程，开展土著鱼类调查和评估，对主要水利工程建设过鱼设施，开展湿地公园建设及河流生物多样性及生境保护与调查等	全省
5	水资源优化配置	污水处理厂尾水再生利用工程：建设补水工程，处理达标后的尾水对河流湿地进行生态补水，同时进行整治，通过生态措施实现入园再生水的水质提升	全省
6	城乡环境基础设施建设	（1）新建城镇污水处理厂及管网项目：推进不具备污水收集处理能力的建制镇新建污水处理厂和配套管网工程； （2）城镇污水处理提质增效工程：开展城区污水管网新建、改造、修复，污水处理能力不足的新建污水处理厂； （3）重点区域的污水处理厂提标改造工程：对位于水环境敏感区、水源地上游及水环境质量未达到现有目标的区域的污水处理厂进行提标改造	全省
7	监管能力建设	主要河流、水库及其流域范围内的水质、水生态及水资源监测站网建设：在主要河流、水库及其流域范围内开展河道水生态、水资源监测，监测项目涵盖水生生物、流量、水位等，建立水质自动检测系统，补齐监测短板	全省

第三篇

海南省『十四五』空气质量全面改善行动计划

海南省"十四五"空气质量全面改善行动计划

"十三五"以来，我省环境空气质量总体优良，细颗粒物（$PM_{2.5}$）浓度在低浓度水平下大幅下降，臭氧浓度保持稳定，但大气污染形势依然严峻，$PM_{2.5}$ 浓度进一步下降难度明显增大，秋冬季臭氧污染问题时有发生，与世界领先水平的环境空气质量目标仍有不小差距。"十四五"是海南自由贸易港高质量建设的第一个五年，为扎实推进国家生态文明试验区建设，确保海南省环境空气质量全面改善并继续处于全国领先水平，依据国家《空气质量全面改善行动计划（2021—2025 年)》，结合我省实际，制订本行动计划。

一、总体要求

（一）指导思想

以习近平新时代中国特色社会主义思想为指导，深入贯彻党的十九大和十九届二中、三中、四中、五中、六中全会精神，积极践行习近平生态文明思想，全面落实习近平总书记对海南系列重要讲话和重要指示批示精神，根据党中央国务院建设中国特色自由贸易港战略部署，以保障人民群众身体健康为出发点，以改善环境空气质量为核心，突出细颗粒物和臭氧污染协同治理，实施空气质量持续改善和应对气候变化协同控制，确保环境空气质量只能更好，不能变差，继续保持全国领先水平，为建设中国特色自由贸易港和国家生态文明试验区提供坚实的生态环境保障。

（二）目标指标

2025 年海南省环境空气质量继续处于全国领先水平。全省空气质量总体优良，确保不发生重污染天气，空气质量优良率保持稳定；主要污染物排放量进一步下降。全省$PM_{2.5}$ 平均浓度力争达到 11 微克/米^3，臭氧第 90 百分位数浓度控制在 120 微克/米^3 左右。

表1 目标指标体系

类别	序号	指标	2025年目标值	目标属性
空气质量改善目标	1	全省市县 $PM_{2.5}$ 平均浓度	11微克/米³	预期性
	2	全省市县 O_3 第90百分位数平均浓度	120微克/米³	预期性
	3	全省各市县空气质量优良天数比例	≥98.0%	约束性
	4	全省各市县空气质量优级天数比例	≥80.0%	约束性
	5	地级及以上城市 $PM_{2.5}$ 浓度	完成国家下达的目标	约束性
	6	地级及以上城市空气质量优良天数比例		约束性
主要污染物减排目标	1	氮氧化物（NO_x）排放量削减比例	完成国家下达的目标	约束性
	2	VOCs排放量削减比例		
	3	NO_x 重点工程减排量		
	4	VOCs重点工程减排量		

二、优化产业结构

（一）严格环境准入要求

优化产业空间布局，按照我省"三线一单"确定的环境管控单元及生态环境准入清单管控要求严格项目准入，实行差别化分区管控。加强区域环境影响评价，新、改、扩建石化化工、建材等项目的环境影响评价，应满足区域"三线一单"、规划环评要求。全面禁止高耗能、高排放（"两高"）项目盲目发展。未完成能源双控要求、二氧化碳排放强度以及空气质量约束性指标年度目标的市县，下一年度不得新建"两高"项目。原则上禁止水泥熟料、平板玻璃、钢铁、有色等行业新建或扩建。"两高"建设项目要按照区域污染物削减要求，实施等量或减量替代，替代方案和落实情况向社会公开。（**省发展改革委牵头，省工业和信息化厅、省生态环境厅等参与，各市县人民政府负责落实。以下均需各市县人民政府落实，不再列出**）

（二）加快现有产能升级改造与布局调整

严格执行并适时修订《海南省产业准入禁止限制目录》，制定更严格的产业准入门槛，将挥发性有机物（VOCs）、氮氧化物等污染物排放强度高、治理难度大的工艺和装备纳入淘汰类或限制类名单。整合退出2 500吨/日及以下的水泥熟料生产线（承担城市垃圾、危废、污泥协同处置和特种水泥熟料除外）、直径3.2米及以下的水泥磨机。（**省发展改革委牵头，省工业和信息化厅、省生态环境厅等参与**）

（三）推进园区升级改造

紧紧围绕海南"三区一中心"战略定位和"旅游业、现代服务业、高新技术产业"三大主导产业，推进各类园区循环化改造、规范发展和提质增效。严格控制石化、化工、包装印刷、工业涂装等高 VOCs 排放的项目建设，相关新建项目必须进入工业园区。（**省发展改革委牵头，省工业和信息化厅、省生态环境厅等参与**）

洋浦等重点工业园区实施集中供热，减少集聚区污染。对化工园区，加强设备密闭和工艺废气密闭收集处理，推行泄漏检测统一监管。各市县制定涉气产业集群发展规划，明确产业集群定位、规模、布局、基础设施建设等要求。对现有产业集群，要制定专项整治方案，按照"疏堵结合、分类施治"的原则，淘汰关停一批、搬迁入园一批、就地改造一批、做优做强一批，2023 年底前基本完成。（**省发展改革委、省生态环境厅、省工业和信息化厅按职责分工负责**）

（四）积极推进含 VOCs 原辅材料和产品源头替代

严格控制生产和使用高 VOCs 含量溶剂型涂料、油墨、胶粘剂、清洗剂等建设项目。现有高 VOCs 含量产品生产企业要加快产品升级转型，提高水性、高固体分、无溶剂、粉末等低 VOCs 含量产品的比重。到 2025 年底前，汽车整车制造底漆、中涂、色漆，汽车修理底色漆、本色面漆，以及室外构筑物防护和道路交通标志全部使用低 VOCs 含量涂料；木质家具制造、汽车零部件、工程机械使用比例达到 50%；钢结构、船舶制造使用比例达到 30%。严格执行涂料、油墨、胶粘剂、清洗剂 VOCs 含量限值标准，加大抽检力度，确保生产、销售、进口、使用符合标准的产品。到 2025 年，溶剂型工业涂料、溶剂型油墨使用比例分别降低 20、15 个百分点，溶剂型胶粘剂使用量下降 20%。（**省工业和信息化厅、省生态环境厅、省住房和城乡建设厅、省市场监督管理局、省交通运输厅按职责分工负责**）

三、优化能源结构

（一）加快推进能源结构优化，有序提高清洁能源比重

建立绿色多元能源供应体系。充分挖掘岛内能源潜力，安全推进核电发展，积极开发利用风能、太阳能等可再生能源，研究氢能开发利用，提升清洁能源供应量，加快构建清洁低碳、安全高效的能源体系。（**省发展改革委牵头，省生态环境厅等参与**）

强化碳达峰、碳中和硬约束。严控煤炭消费，提高清洁能源比重，到 2025 年，非化石能源消费比重达到 22%左右，可再生能源消费比重达到 14%左右，煤炭、石油消费比

重下降到 50% 左右，清洁能源发电装机比重达 82%，清洁能源消费比重达到 50% 左右，电能占终端能源消费比重达到 35%。继续推进燃气电厂、分布式天然气综合能源、生物质能发电、储气调峰设施项目落地投产，光伏、生活垃圾焚烧发电、风电新增装机规模逐步增加。（**省发展改革委牵头，省生态环境厅等参与**）

按照"市场主导、政府推动、农户自愿、科学规划、因地制宜"和"宜管则管、宜罐（瓶）则罐（瓶）"原则，科学有序推进燃气下乡"气代柴薪"工作，构建覆盖城乡的燃气管网，逐步实现城、乡镇、村燃气基本全覆盖。（**省住房和城乡建设厅牵头**）

（二）实施煤炭总量控制，逐步减少工业燃煤

到 2025 年，煤炭消费控制在 900 万吨以内。禁止新增煤电及自备燃煤机组。加强煤炭质量监督，通过煤改气、电能替代、能源综合利用等形式优化现有涉煤工业用能结构，逐步减少工业燃煤，有序降低煤炭消费水平。（**省发展改革委牵头，省工业和信息化厅等参与**）

出台生物质燃料管控相关规定，加强对生物质锅炉燃料使用规范性监管。（**省生态环境厅牵头，省工业和信息化厅等参与**）

强化锅炉监督管理，全省禁止新建燃煤锅炉，各市县建成区全面淘汰 35 蒸吨/小时及以下燃煤锅炉。推广天然气锅炉替代等工程，天然气锅炉推广低氮燃烧技术。（**省市场监督管理局、省工业和信息化厅、省生态环境厅按职责分工**）

（三）工业炉窑深度治理，加快清洁能源替代

完善各类工业炉窑管理清单，分类提出工业炉窑综合治理技术路线。鼓励工业窑炉使用电、天然气等清洁能源。开展有组织排放全面达标、无组织排放有效管控、全过程精细化监管等方面的深度治理。全面淘汰不达标工业窑炉。全面禁止燃用石油焦。全面淘汰烧结砖瓦行业落后产能。（**省工业和信息化厅牵头，省发展改革委、省生态环境厅等参与**）

四、优化运输结构

（一）加快推动货物运输绿色转型

进一步完善港口、机场、铁路货运场站、物流园区的多式联运功能，促进公路、水运、铁路、航空等不同运输方式间的联通和衔接，加快集装箱多式联运发展，集装箱铁水联运货运量年均增长 15% 以上。港口新建集装箱及大宗干散货作业区，同步规划建设进

港铁路。推进西环铁路货运改造项目，支持水泥、铁矿、年运量150万吨以上砂石骨料生产基地等重点企业铁路专用线建设；加快推进洋浦港疏港货物运输铁路线路建设，实现铁路货运场站与港口码头、前方堆场的无缝衔接。主要港口矿石疏港原则上采用铁路、水路或管廊运输。对中短途货物运输优先采用新能源车辆，加快国六车辆替代高排放老旧车。（**省发展改革委、省交通运输厅牵头，省工业和信息化厅、省自然资源和规划厅、省生态环境厅、海南铁路有限公司等参与**）

（二）大力推广新能源车船

控制燃油车保有量，逐步减少燃气汽车，加大应用电动汽车为主的新能源运输装备力度，推动氢燃料电池汽车应用。到2025年，公共服务领域新增和更换车辆100%使用清洁能源汽车，公务车、公交车、巡游出租车和分时租赁车清洁能源化比例力争达到100%（除特殊用途外），轻型物流配送、城市环卫、网约车、旅游车等社会运营领域加快推进清洁能源化。"十四五"期间新能源汽车销售占比保持在20%以上。（**省工业和信息化厅牵头，省发展改革委、省交通运输厅、省住房和城乡建设厅等参与**）

加快充电设施建设，到"十四五"末，省内充电基础设施总体车桩比小于2.5∶1，高速公路服务区快充站实现全覆盖，配套充换电等基础设施网络基本建成。（**省发展改革委牵头，省工业和信息化厅等参与**）

除消防、救护等应急保障外，港口、机场、铁路货场、物流园区等新增或更新的场内作业车辆和机械基本实现新能源化。（**省工业和信息化厅、省交通运输厅按职责分工负责**）

（三）积极推动车船结构升级

全面实施轻型车和重型车国6b阶段排放标准，进口车辆满足我国现行新生产机动车排放标准要求。全面实施非道路移动柴油机械第四阶段排放标准，进口非道路移动机械和发动机应达到我国现行新生产设备排放标准。（**省生态环境厅牵头，省公安厅、省交通运输厅等参与**）

2025年底前，全面淘汰国三及以下排放标准的柴油和燃气货车（含场内作业车辆）。（**省公安厅、省生态环境厅牵头，省财政厅、省商务厅、省交通运输厅等参与**）

推进船舶更新升级。全面实施船舶发动机排气污染物排放限值及测量方法（中国第一、二阶段）（GB 15097—2016）中第二阶段排放标准。严厉打击"三无船舶"。严格执行船舶强制报废制度，加快淘汰高污染、高耗能的客船和老旧运输船舶，鼓励20年以上的老旧渔船或内河船舶提前淘汰，推广使用电、天然气等新能源或清洁能源船舶。（**海南海事局、交通运输厅、省农业农村厅按职责分工负责**）

五、强化 VOCs 和氮氧化物减排

（一）实施 VOCs 全过程综合整治

加强 VOCs 排放控制。全面执行《挥发性有机物无组织排放控制标准》，对 VOCs 物料储存、转移和输送、设备与管线组件泄漏、敞开液面逸散、工艺过程以及废气收集处理系统等环节无组织排放实施管控。按照"应收尽收、分质收集"原则，将无组织排放转变为有组织排放进行集中处理，选择适宜高效治理技术，加强运行维护管理，治理设施较生产设备要做到"先启后停"。全面排查清理涉 VOCs 排放废气旁路，因安全生产等原因必须保留的，要加强监管监控。（**省生态环境厅牵头，省工业和信息化厅等参与**）

实施储罐综合治理。按照 VOCs 无组织排放控制标准及相关行业排放标准要求进行罐型和浮盘边缘密封方式选型。鼓励使用低泄漏的储罐呼吸阀、紧急泄压阀，定期开展储罐部件密封性检测。（**省生态环境厅牵头，省工业和信息化厅等参与**）

强化装卸废气收集治理。对装载汽油、煤油等高挥发性化工产品的汽车罐车，推广使用自封式快速接头。2023 年底前，万吨级及以上原油、成品油码头全部完成油气回收治理。推进挥发性有机液体运输洗舱 VOCs 治理。（**省交通运输厅牵头，省生态环境厅、省商务厅等参与**）

开展敞开液面废气专项治理。含 VOCs 有机废水系统中集水井（池）、均质罐等排放的高浓度废气要单独收集处理，采用燃烧等高效治理技术。（**省生态环境厅牵头，省工业和信息化厅等参与**）

推进石化化工行业综合整治。化工行业重点提高涉 VOCs 排放主要工序密闭化水平，加强无组织排放收集，加大含 VOCs 物料储存和装卸治理力度。深化泄漏检测与修复（LDAR）工作，建立泄漏检测台账，实现 LDAR 体系长效管理。市县生态环境部门要加强监督检查，优先选择在每年 7—9 月对 LDAR 工作开展情况进行抽测和检查。（**省生态环境厅牵头，省工业和信息化厅等参与**）

开展涉 VOCs 涂装行业综合整治。施工单位应选用低挥发性道路建筑铺装材料。船舶涂料和地坪涂料生产、销售和使用应满足新颁布实施的国家产品有害物质限量标准要求。开展包装印刷、汽车制造、汽车维修、家具制造等行业 VOCs 污染综合整治。推广使用低（无）VOCs 含量的环境友好型原辅材料和低（无）VOCs 排放的生产工艺、设备。（**省住房和城乡建设厅、省交通运输厅、省工业和信息化厅、省生态环境厅、省市场监督管理局按职责分工负责**）

推进海口、三亚建设汽修集中喷涂工程中心。（**省交通运输厅牵头，省生态环境厅等参与**）

加强非正常工况废气排放控制。企业开停工、检维修期间，按照要求及时收集处理退料、清洗、吹扫等作业产生的 VOCs 废气。石化、化工企业制定非正常工况 VOCs 管控规程，不得将火炬燃烧装置作为日常大气污染处理设施；火炬系统要安装温度监控、废气流量计、助燃气体流量计等，鼓励安装热值检测仪。（**省生态环境厅牵头，省工业和信息化厅等参与**）

（二）开展非电行业超低排放

制定地方锅炉排放标准，严格控制锅炉大气污染物排放。推动生活垃圾焚烧发电厂、建材行业、工业锅炉等行业大气污染物排放提标改造，加强企业监管，稳定达到排放标准要求；进一步推动水泥行业超低排放改造，水泥熟料窑改造后氮氧化物排放浓度不高于 100 毫克/米^3。推进玻璃行业实施深度治理，玻璃窑炉氮氧化物排放浓度不高于 200 毫克/米^3。燃煤工业锅炉参照燃煤发电锅炉超低排放要求实施升级改造，2025 年底前 65 蒸吨及以上燃煤锅炉（含电力）全面实现超低排放。燃气锅炉推行低氮燃烧改造，氮氧化物排放浓度不高于 50 毫克/米^3。生物质锅炉采用专用锅炉，配套布袋等高效除尘设施，禁止掺烧煤炭、垃圾、工业固体废弃物等其他物料；积极推进城市建成区生物质锅炉超低排放改造。（**省生态环境厅牵头，省工业和信息化厅、省市场监督管理局等参与**）

加强重点行业管理减排。强化治理设施运行监管，确保按照相关标准要求运行，减少非正常工况排放。积极引导重点企业在秋冬季安排停产检维修计划，减少污染物排放。（**省生态环境厅牵头，省工业和信息化厅等参与**）

（三）加强车油联合管控

完善机动车尾气联合监管执法模式。建立海南省移动污染源"天地车人"一体化的机动车排放监控系统，加快完善机动车遥感监测和黑烟车电子抓拍等监控手段，开展黑烟车非现场处罚模式，加强重型货车路检路查，推行"生态环境部门取证，公安交管部门处罚"的联合执法监管模式。（**省生态环境厅、省公安厅按职责分工负责**）

强化在用车排放检验和维修治理，全面实施机动车排放检测与强制维护制度（I/M 制度）和汽车排放召回制度，形成检验—维修—复检的闭环管理。（**省生态环境厅、省交通运输厅牵头，省市场监督管理局、省商务厅等参与**）

加强机动车检测机构监管，开展排放检验机构检测数据的监督抽查。（**省生态环境厅、省市场监督管理局牵头，省公安厅等参与**）

强化新生产货车监督抽查，实现系族全覆盖。新注册的柴油车按照规定 100%进行检验。加大对柴油车集中使用和停放地的入户检查，严厉打击拆除尾气后处理装置、破坏篡改车载诊断系统（OBD）等违法行为。**（省市场监督管理局、省生态环境厅牵头，省交通运输厅等参与）**

执行更加严格的车用汽油质量标准。**（省商务厅牵头，省生态环境厅、省市场监督管理局等参与）**

加强车用、船用油品质量监督检查。对柴油进口、生产、仓储、销售、运输、使用等全环节加强监管，全面清理整顿无证无照的自建油罐、流动加油车（船）和黑加油站点；加大柴油使用环节检查力度，对货车、非道路移动机械、船舶的油箱中柴油进行直接抽测，对发现的非标油问题线索进行追溯，严厉追究相关生产、销售、运输者主体责任。**（省市场监督管理局、省商务厅、省交通运输厅、省公安厅、海口海关、海南海事局、省生态环境厅按职责分工负责）**

强化加油站、油罐车、储油库油气回收检查，加强管理加油站油气回收在线监测系统。开展油品储运销过程中的三次油气回收，所有加油站安装三次油气回收装置。**（省生态环境厅牵头，省商务厅、省市场监督管理局等参与）**

（四）深入推进非道路移动源污染防治

推进非道路移动机械治理。强化非道路移动机械生产企业监管和排放控制区管控。基本淘汰国一及以下排放标准的非道路移动机械。持续推进非道路移动机械摸底调查、编码登记、排放检测等工作，全面消除冒黑烟现象。**（省生态环境厅牵头，省住房和城乡建设厅、省交通运输厅、省市场监督管理局等参与）**

严格实施对不能达到要求的非道路移动机械进行限期治理；逐步优化高排放非道路移动机械禁止使用区域的划定，适时加严禁止使用区域内的排放标准。**（省生态环境厅牵头）**

鼓励生产、销售、使用节能环保型、清洁能源型非道路移动机械。**（省工业和信息化厅、省住房和城乡建设厅、省生态环境厅、省交通运输厅、省市场监督管理局等按职责分工负责）**

（五）强化船舶港口及机场污染防治

2022 年 1 月 1 日起，海船进入沿海控制区海南水域，应使用硫含量不大于 0.1%m/m 的船用燃油。2022 年 1 月 1 日及以后建造或进行船用柴油发动机重大改装的、进入沿海控制区海南水域，所使用的单缸排量大于或等于 30 升的船用柴油发动机应满足《国际防止船舶造成污染公约》第三阶段氮氧化物排放限值要求。2022 年 1 月 1 日起，使用的单台船用柴油发动机输出功率超过 130 千瓦，且不满足《国际防止船舶造成污染公约》第二阶段氮氧化物排放限值要求的中国籍国内沿海航行集装箱船、客滚船、3 000 总吨及以上的客船和 5 万吨级及以上的干散货船，应加装船舶岸电系统船载装置，并在沿海控制区内具备岸电供应能力的泊位停泊超过 3 小时，且不使用其他等效替代措施时，应使用岸电。**（海南海事局、省交通运输厅牵头）**

新建码头同步规划、设计、建设岸电设施。加快船舶受电装置改造和港口岸电设施建设，逐步提高船舶靠港岸电使用率。加快机场岸电设施建设。推广地面电源（GPU）替代飞机辅助动力装置。推动机场使用岸电，提高机场岸电设施使用率，机场岸电使用率达到 95% 以上。**（省交通运输厅、海南海事局牵头，省发展改革委等参与）**

六、全面加严面源污染控制

（一）实施扬尘精细化管控

完善建筑工地扬尘污染防治管理体系，将建筑工地扬尘污染防治费用纳入工程造价，同时将建筑工地扬尘污染防治纳入文明施工管理范畴和建筑市场信用管理体系，全面推进绿色施工，推进城镇新建住宅建筑全装修交付。严格落实"六个百分之百"工作要求，制定建筑工地扬尘污染防治实施方案，在工地门口公示具体防治措施及负责人信息，安装扬尘噪声在线监测和视频监控设备，实现与住建部门联网监控，提升全省建筑工地施工扬尘防治水平。加强施工扬尘监管执法，对问题严重的依法依规实施联合惩戒。深入推广装配式建筑，到 2025 年末，装配式建筑占新建建筑比例大于 80%。推进道路机械化清扫、喷雾等低尘作业方式，减少道路扬尘，各市县建成区城市道路雾喷率和机扫率达 92%。**（省住房和城乡建设厅牵头）**

水利、交通、生态环境等部门负责主管行业工程施工工地扬尘精细化防控工作。**（省交通运输厅、省水务厅、省生态环境厅按职责分工负责）**

开展渣土运输车辆专项整治行动，渣土运输车实施密闭规范化管理。**（省住房和城乡建设厅牵头，省交通运输厅、省公安厅等参与）**

严查运输车辆扬尘污染，严厉打击私拉私倒和沿途遗撒现象。**（省公安厅牵头，省交通运输厅等参与）**

加强城市行驶车辆车身灰尘污染整治。**（省司法厅牵头，省交通运输厅、省住房和城乡建设厅等参与）**

加强裸地、堆场扬尘污染控制。对城市公共区域、长期未开发的建设裸地，以及废旧厂区、闲置空地、院落、物流园、大型停车场等进行排查建档，并采取绿化、硬化、清扫等措施减少扬尘。**（省住房和城乡建设厅牵头）**

加强农村裸地复绿。**（省农业农村厅牵头）**

大型煤炭、矿石等干散货码头物料堆场和物料输送系统完成封闭改造，全面完成围挡、苫盖、自动喷淋等抑尘设施建设。**（省交通运输厅牵头）**

推进绿色矿山建设，加快矿山治理。生产矿山加快升级改造，2025 年前建成绿色矿山，新建矿山按照绿色矿山建设规范要求进行设计、建设和运营，积极推进责任主体灭失矿山迹地治理。**（省自然资源和规划厅牵头）**

（二）提高农业秸秆综合利用

加强宣传引导，增强农民秸秆利用和禁烧的主动性自觉性。建立秸秆资源台账系统和定期调度机制，完善秸秆收储运体系。推进秸秆肥料化、饲料化、基料化、原料化、能源化等综合利用，2025 年底，秸秆综合利用率达到 90%以上。**（省农业农村厅牵头）**

全省范围内全面禁止秸秆露天焚烧。强化秸秆禁烧管控。落实市县政府主体责任，充分发挥乡镇、街道办、村委会等基层组织作用，完善网格化监管体系，实现全覆盖、无死角，在重点时段组织开展重点区域专项巡查。**（省农业农村厅牵头，省社管平台、省生态环境厅等参与）**

综合运用高清视频监控、无人机等手段，完成辖区内农耕地区域高清视频监控全覆盖，提高秸秆焚烧火点监测精准度。**（省社管平台牵头，省农业农村厅、省生态环境厅等参与）**

全省范围内全面禁止露天焚烧垃圾。**（省住房和城乡建设厅牵头，省生态环境厅参与）**

（三）有效控制氨排放

按照"养分平衡、以养促种"，促进畜禽粪污养分高效利用，养殖场废弃物综合利用率达到 90%以上。推广化肥减量增效，采取有机肥替代化肥、生物农药替代化学农药、测土配方施肥、水肥一体化、绿色防控等综合措施，提高化肥利用率，主要农业作物化肥使用量零增长。推广标准化规模养殖，鼓励种养结合一体化经营。稳步推进生猪、鸡等圈舍封闭管理，推进粪污输送、存储及处理设施封闭处理和废气治理。**（省农业农村厅牵头）**

强化工业源烟气脱硝设备氨逃逸防控。**（省生态环境厅牵头）**

（四）严格管控烟花爆竹燃放

实行抓重点、按时段、分区域禁燃禁放烟花爆竹，优化禁燃区范围。**（省生态环境厅牵头，省公安厅等参与）**

加强春节元宵等节假日期间禁燃烟花爆竹管控。**（省公安厅牵头）**

实施源头管理，探索"禁售"等管控措施。**（省应急管理厅牵头）**

完善烟花爆竹定级分类,推广应用少烟无烟烟花爆竹产品,降低烟花爆竹燃放对环境空气质量的影响。倡导绿色文明生活方式。(**省应急管理厅牵头,省公安厅、省生态环境厅等参与**)

(五)严厉打击槟榔土法熏烤

严格落实属地管理责任,完善并严格执行禁止槟榔传统土法熏烤工作目标责任制。全面推行网格化综合管控,建立禁止槟榔传统土法熏烤网格,落实网格化综合防控机制。整合执法力量,组建联合打击执法队伍。积极推广槟榔黑果烘烤环保设备,堵疏结合,促进槟榔产业绿色发展。(**省农业农村厅牵头,省生态环境厅等参与**)

(六)严格控制餐饮业油烟污染

产生油烟的餐饮服务单位全部安装油烟净化装置并保持正常运行和定期维护,确保油烟达标排放。拟开设餐饮服务的建筑应设计建设专用烟道。加强执法力度,探索建立餐饮服务单位执法检查量、违法处罚率等指标体系。推进城市建成区餐饮服务业炉灶全面使用燃气、电等清洁能源。推动大型以上餐饮企业安装治理设施正常运行在线监控试点。(**省市场监督管理局、省住房和城乡建设厅牵头,省生态环境厅、省商务厅参与**)

除各市县政府划定的允许区域外,严禁在城镇建成区内露天烧烤。(**省住房和城乡建设厅牵头,省生态环境厅参与**)

七、实施多污染物协同控制

(一)强化有毒有害气体污染控制

把有毒空气污染物排放控制作为建设项目环评审批的重要内容。禁止露天焚烧可能产生有毒有害烟尘和恶臭的物质或将其用作燃料。垃圾、污水集中式污染处理设施等加大密闭收集力度,因地制宜采取脱臭措施;橡胶、塑料、食品加工等行业强化恶臭气体收集和治理。在水泥等重点行业积极推进大气汞排放协同控制,建立大气汞排放清单及动态更新机制。(**省生态环境厅牵头**)

(二)加强有毒有害气体监管

加强对垃圾焚烧、工业窑炉、医疗垃圾和危险废物焚烧有毒有害大气污染物排放企业的监管。恶臭投诉集中的工业园区、重点企业安装在线监测,实时监测预警。加强监管执法和纠纷调解,着力解决群众身边的突出大气环境问题。(**省生态环境厅牵头**)

（三）持续控制消耗臭氧层物质

完善对消耗臭氧层物质的生产、使用、进出口的监管，鼓励、支持消耗臭氧层物质替代品的生产和使用。深入开展消耗臭氧层物质淘汰工作。大力推动替代技术开发与应用；坚决打击消耗臭氧层物质非法生产、非法贸易、非法使用等活动。（**省生态环境厅牵头，省市场监督管理局、省工业和信息化厅参与**）

（四）推进大气污染物和温室气体排放协同治理

控制电力、建材、化工等重点行业碳排放，推进工业、能源、建筑、交通等重点领域低碳发展，有效控制温室气体排放。（**省生态环境厅、省发展改革委牵头**）

八、增强基础能力建设，推进治理能力现代化

（一）持续优化空气质量监测网络

建设国际化空气质量监测网络。根据海南省各市县地理气候特点，优化城市点位空间布局。逐步完善重点港口码头、机场、重点城市道路等交通空气质量自动监测网络。在重点市县、文昌铺前区域站、五指山背景站开展臭氧前体物 VOCs 和 $PM_{2.5}$ 组分协同监测，形成全省大气复合污染成分监测网。在省生态环境监测中心建立空气质量监测质控中心，构建低浓度水平下的空气质量监测质量保证和质量控制标准体系。开展城市降尘监测，细化降尘量控制要求。（**省生态环境厅牵头**）

（二）加强精细化管理能力

编制并动态更新污染源排放清单。建立省—市（县）联动的大气污染源排放清单编制及定时更新机制，省和市县常态化开展排放清单编制更新工作。省生态环境厅统一清单编制技术方法，建立跨部门数据收集和动态更新机制，推进清单编制程序化、标准化。2023 年以前，所有市县完成辖区内大气污染源排放清单编制，逐年动态更新并上报省级生态环境部门。（**省生态环境厅牵头**）

建设低浓度下臭氧和 $PM_{2.5}$ 研究性综合观测示范站。组织省级生态环境研究机构在海口市开展低浓度下 $PM_{2.5}$ 组分理化特征观测；集成构建 VOCs 多成分、光解常数、垂直风廓线等研究性在线观测示范站。（**省生态环境厅牵头**）

常态化开展大气污染来源解析。实现大气污染物来源解析工作业务化，开展 $PM_{2.5}$ 和臭氧来源解析工作的动态更新。各市（县）实施"一市一策"工作模式，提升大气污

染控制的精细化和业务化水平。（省生态环境厅牵头）

（三）提升污染天气应对预测预报能力

省级空气质量预报部门具备对各市县未来 7 天空气质量进行预报的能力，从组分、空间、时间等维度进一步提升空气质量预报精细度。海口市建设空气质量数值预报系统。（省生态环境厅牵头）

（四）增强污染源监控能力

全面实施以排污许可证制度为核心的污染源环境监管制度。各地级市将涉 VOCs 和氮氧化物的重点行业企业纳入重点排污单位名录，覆盖率不低于工业源 VOCs、氮氧化物排放量的 65%，重点排污单位应按照排污许可证要求安装使用大气污染物排放自动监测设备，2022 年 6 月前完成与国家联网；污染排放量占比较大的企业，应安装能间接反映排放及污染设施运行状况的工况监控设备、用电（用能）监控设备和视频监控设备等。加强全省各级移动源环境监管能力建设，保障移动源监管系统正常运行。（**省生态环境厅牵头，省工业和信息化厅、省财政厅等参与**）

依托社管平台，建设高清视频监控系统，结合无人机、遥感卫星等科技手段强化秸秆、垃圾露天焚烧，槟榔土法熏烤监管。（**省社管平台、省农业农村厅、省住房和城乡建设厅、省生态环境厅按职责分工负责**）

对标先进经验，探索船舶尾气遥感监测系统建设，对我省主要港口、航道和琼州海峡等水域在航船舶的大气污染排放实施监测监管。（**省生态环境厅牵头，省海事局参与**）

加强全省各级生态环境部门污染源监测能力建设，严格规范污染源排放监督性监测，强化基层生态环境保护综合行政执法装备标准化、信息化建设，切实提高执法效能。（**省生态环境厅牵头**）

九、健全污染应对机制，推进治理体系现代化

（一）建立大气污染防治精细化管理体系

健全完善大气污染防治监测—研判—预警—响应全链条工作机制，推进大气污染精细化管控。将大气污染防治纳入网格化管理，分区分片责任到人。编制污染天气分级响应预案，提升不同级别大气污染防治效率。（**省生态环境厅牵头**）

（二）构建国际化的监测评价制度

对标国际空气质量监测评价体系，根据国际监测要素、评价标准和社会发展状况，结合自贸港建设发展需求和地理气候特点，构建国际化的空气质量评价标准体系。（**省生态环境厅牵头**）

（三）建立空间差异化的目标考核体系

综合考虑各市县空气质量现状和时空变化特征、地理位置特征、气象条件、污染源排放状况等关键要素，结合各市县每年减排任务完成情况等，科学设定目标考核体系，动态更新每年目标值。（**省生态环境厅牵头**）

（四）推进区域大气污染联防联控

加强我省空气质量预报部门与华南区域空气质量预测预报中心的预报业务会商，推进我省与华南各省（自治区）之间重点污染源数据、源排放清单、各污染物综合观测数据的信息共享，有效加强北部湾区域的空气质量预报预警联动，推进北部湾区域大气污染联防联控工作。

（五）强化省内市县间协作联动

划定省内重点联防联控区域，强化重点时段大气污染跨市县跨部门联防联控，加强市县间污染应对执法督察，有效防控、应对污染天气。（**省生态环境厅牵头**）

（六）完善执法监管机制

优化监管手段，创新工作方式。积极推进市县各相关职能部门以大数据等新技术应用为引领，统筹推进监测监控和执法监管等能力建设。系统对接检察院、市县综合执法的监控平台，实现信息共享，实行环境+检察、环境+综合执法模式。（**省生态环境厅牵头，省检察院等参与**）

不断优化分类管理，实行差异化监管。编制大气环境监督执法正面清单，将符合要求的企业纳入正面清单，科学配置执法资源，实行分类管理、差异化监管，减少部分企业现场执法检查，推行非现场监管方式，不断提高生态环境管理效能。（**省生态环境厅牵头**）

突出重点，加大执法力度。重点针对柴油货车、非道路移动机械、机动车排放检验机构等开展移动源专项执法。坚定不移地打击烟熏槟榔和秸秆焚烧等严重污染空气质量的违法犯罪行为。强化巡查监管力度，持续推进工地扬尘治理。涉及跨市县大气污染行为的，相邻市县应积极主动配合联合执法，共同控制大气环境污染。（省生态环境厅牵头，省公安厅、省交通运输厅、省农业农村厅、省市场监督管理局等参与）

十、落实保障措施，开展社会全民行动

（一）加强组织领导

省直相关部门根据职责制定配套政策措施，落实一岗双责。各市县政府对行政区域内大气污染防治工作负总责，科学分解目标和进度，确保各项计划任务顺利完成。海南省污染防治工作领导小组办公室负责统筹海南省"十四五"空气质量全面改善行动工作，定期调度和组织检查、督导各项工作落实情况，组织开展行动计划实施情况的跟踪评估，重大问题及时向省政府报告。

（二）完善法规标准

严格执行国家大气污染防治有关法律法规和政策标准。修订出台海南省机动车排气污染防治规定，加快制定我省锅炉、餐饮油烟等行业大气污染物排放地方标准，实施水泥工业、生活垃圾焚烧等污染控制地方标准，探索制定重点行业 VOCs 污染控制要求。

（三）加大政策激励

全省各级财政应合理安排大气污染防治所需资金，保障基础能力建设各项任务顺利完成，完善与环境空气质量改善绩效挂钩的财政奖惩机制，建立政府、企业、社会多元化投资机制，拓宽融资渠道。污染治理资金以企业自筹为主，政府投入资金优先支持列入规划的污染治理项目。全省各级人民政府根据大气污染控制任务，积极谋划项目，将治污项目经费列入财政预算，保障各项任务顺利开展。

（四）严格监督考核

将"十四五"空气质量控制目标作为经济社会发展的约束性指标，进行年度和终期考核。省政府健全和完善考核办法，将空气质量改善年度和终期目标完成情况作为深入打好污染防治攻坚战成效考核的重要内容，考核和评估结果作为对领导班子和领导干部综合考核评价的重要依据。对考核不合格的市县，由省政府公开约谈市县政府主要负责人，提出整改意见，予以督促落实，并建议取消国家授予的有关生态文明荣誉称号。

强化督查通报。省级生态环境部门每年组织开展改善大气环境质量专项督导工作；不定期组织开展督查督办，对重点工作完成不力的部门、市县政府、企业进行约谈，对进度缓慢的予以通报，对突出问题予以曝光。运用信息化手段建立健全监督问责机制，推动形成政府统筹、部门联动、纪委监督、社会共同参与的工作格局。

（五）强化科技支撑

加大科研项目支持力度，重点加强大气污染源排放清单、来源解析、外来污染传输影响、污染形成机理、$PM_{2.5}$ 和臭氧协同控制、预报预警等方面的基础性研究。常态化开展大气污染源排放清单编制、大气污染来源解析工作。开展 VOCs 综合治理、移动源污染防治、非电非钢行业超低排放改造等治理技术和装备攻关。开展船舶大气污染排放现状及未来预测评估。研究洋浦在自由贸易港建设背景下，对本地及周边市县环境空气质量影响研究。加强对大气污染物和温室气体协同控制措施、技术和解决方案的科学研究，探索开展大气污染物和温室气体协同减排技术示范工程建设。推进致臭物质识别、恶臭污染评估和溯源技术方法研究。

（六）推进信息公开

省生态环境厅负责发布我省常规污染物实时监测数据，每月公布各市县环境空气质量状况和排名。各市县政府负责公布城市环境空气质量状况、应急方案、新建项目环境影响评价、企业污染物排放状况、治理设施运行情况等环境信息，接受社会监督。重点排污单位及时公布自行监测和污染排放数据、污染治理措施、环保违法处罚及整改等信息。已核发排污许可证的排污单位按要求公开污染物排放信息。机动车和非道路移动机械生产、进口企业依法向社会公开排放检验、污染控制技术等环保信息。

（七）实施全民行动

政府带头厉行节约，反对浪费，开展绿色采购，全面使用低 VOCs 含量和使用低 VOCs 原辅材料生产的产品，使用新能源车辆，推行无纸化办公。落实污染有奖举报制度，鼓励社会组织和公众监督排污企业偷排偷放、工地扬尘污染、车辆"冒黑烟"、渣土运输车辆遗撒、秸秆露天焚烧、槟榔非法熏烤等环境违法行为。企业深入推进治污减排，优化工艺流程，践行绿色低碳发展。强化公民环境意识，倡导志愿服务行动，大力推动公众参与大气环境保护，鼓励从自身做起，形成简约适度、绿色低碳、文明健康的生活方式和消费模式，共同改善空气质量。

扩大宣传教育。积极开展多种形式的宣传教育，积极宣传大气环境管理法律法规、政策文件、工作动态和先进经验做法，普及大气污染防治的科学知识。

第四篇 海南省『十四五』应对气候变化规划

海南省"十四五"应对气候变化规划

"十四五"是碳达峰碳中和的关键期、窗口期,为推动海南自由贸易港高质量发展与应对气候变化深度融合,依据《海南自由贸易港建设总体方案》《国家生态文明试验区(海南)实施方案》《海南省国民经济和社会发展第十四个五年规划和二〇三五年远景目标纲要》《海南省"十四五"生态环境保护规划》,编制本规划。

一、发展基础与形势

(一)发展基础

"十三五"期间,我省认真贯彻落实"创新、协调、绿色、开放、共享"的新发展理念,扎实推进低碳试点省建设,将应对气候变化作为推动高质量发展与生态文明建设的重要抓手,着力探索热带岛屿特色的低碳发展新模式,夯实低碳发展基础。

碳排放强度显著下降。初步核算,按照国家约束性目标的核算口径,"十三五"期间我省碳排放总量呈稳定上升趋势;2020 年单位国内生产总值二氧化碳排放相比 2015 年下降 27%,超额完成国家下达的"十三五"下降目标(12%),碳排放强度处于全国领先水平。能源结构优化是全省碳排放强度下降的重要因素,尤其是对化石能源消费量的控制以及昌江核电的大力发展,使非化石能源消费比重不断提高。

应对气候变化工作机制逐步完善。按照国家要求及时调整省级应对气候变化及节能减排工作领导小组成员名单与工作职责,将应对气候变化纳入国家生态文明试验区建设工作机制,建立联席会议制度,统筹协调应对气候变化各项工作任务。明确将二氧化碳排放强度下降指标完成情况纳入市县经济社会发展综合评价体系和干部政绩考核体系,印发《海南省"十三五"单位地区生产总值二氧化碳排放降低目标责任评价考核办法》,积极开展市县降碳考核工作。

现代服务业发展迅速。加快推动产业转型升级,三次产业结构由 2015 年的 23.1∶23.6∶53.3 调整为 2020 年的 20.5∶19.1∶60.4,服务业占比高出全国平均水平 5 个百分点,基本形成以服务业为主导的产业结构。

清洁能源岛建设稳步推进。全面推动清洁能源岛建设,关停 2 台 13.8 万千瓦煤电机组,煤炭消费比重由 2015 年的 39.7% 下降至 2020 年的 31.8%;核电、光伏装机容量分别增长 14.9%、43.9%；2020 年非化石能源消费比重 18.9%，较 2015 年增加 12 个百分点，优于全国平均水平。

重点领域减污降碳持续深化。 全省单位工业增加值能耗顺利完成下降目标；2020 年化肥农药单位面积施用量相比 2015 年减少 5%；2020 年新能源汽车保有量占比为 4.2%，高出全国平均水平 2.4 个百分点；2020 年城镇新增绿色建筑面积 2 857.21 万平方米，城镇绿色建筑占新建建筑比例为 74.6%；森林覆盖率稳定在 62%左右，森林蓄积量 1.60 亿立方米。

低碳试点示范成效明显。 积极组织开展低碳城镇、低碳旅游等试点工作，形成具有海南特色的可复制、可推广试点经验。开展海口美兰国际机场、白沙元门乡罗帅村、保亭呀诺达雨林文化旅游区等低碳社区试点建设；三亚、琼中入选第三批国家低碳试点城市；海口入选国家气候适应型城市建设试点。博鳌乐城国际医疗旅游先行区入选国家第一批 APEC（亚太经合组织）低碳城镇项目。老城经济开发区入选第一批国家低碳工业园区试点单位。为进一步推进和深化低碳试点工作，积极探索"零碳"发展新模式，我省主动实施近零碳排放示范区工程，2018 年 7 月发布首批 10 个低碳试点地区，涵盖景区、小镇、社区等类型。中石油福山油田 2018 年 11 月建成投产碳捕集、利用和封存（CCUS）先导试验项目，实现了二氧化碳的安全高效注入，2021 年完成第二期工程，新建一套年处理能力为 10 万吨的碳捕集、液化装置。

适应气候能力逐步提升。 加强城市对极端天气气候事件的监测预警能力，在现有观测站网和发布渠道基础上，建立极端天气气候事件信息管理系统，完善预警信息发布平台，拓展服务方式，丰富公众获取信息途径。强化城市地下排水管网和排水防涝设施建设，持续推进生态保护修复工作。

低碳能力建设不断加强。 为全省应对气候变化工作相关主管部门、重点排放单位开展多期能力建设，不断加强温室气体排放统计核算体系建设，将温室气体排放清单编制与重点企业碳排放核查列为常规性工作。广泛开展多层次、多样化、可持续的应对气候变化国际合作，成功承办两期国家南南合作应对气候变化培训班。

（二）面临形势

海南作为热带岛屿地区，气候变化下的海平面上升、臭氧污染、生物多样性破坏等将对自由贸易港的生态环境产生深远影响。

气候变化下的海平面上升趋势不断加剧。 据自然资源部 2020 年发布的《中国海平面公报》，2020 年中国沿海海平面较常年（1993—2011 年为常年时段）高 73 毫米，南海沿海海平面高 68 毫米，受海平面上升及多种因素共同影响，我省沿海部分岸段侵蚀加剧。预计未来 30 年，我省沿海海平面将上升 70～200 毫米，若在季节性高海平面期、天文大潮和风暴增水期遭遇热带气旋袭击，三者叠加将加剧灾害致灾程度。

"双碳"目标下的自贸港高质量发展要求不断提升。碳中和已成为全球绿色低碳转型的重要标志，并极有可能是未来贸易和投资进入的"门槛"。目前，海南人均 GDP 与碳排放量分别为 1 万美元、4 吨左右，而英国、西班牙等已经实现碳达峰的岛屿经济体国家当时的人均 GDP 与碳排放量分别为 3 万美元、8 吨以上。海南自贸港发展不仅要保持 10%以上的 GDP 年均增长速度，还要争取缩短达峰到中和的过渡期；既要留有发展空间，也要防止"碳达峰"变为"攀高峰"。面对经济发展、改善民生、环境治理等多目标问题，如何在全省经济水平持续提升、战略性产业进一步发展、生活水平进一步提高的基础上有效控制碳排放，是自贸港高质量发展面临的一场硬仗。

低碳转型下的能源与产业结构调整亟待优化。我省二氧化碳排放量中，电力行业及工业、建筑、交通领域碳排放合计占总排放量的 90%以上。燃煤电厂发电量占全省发电量比例超过 50%，光伏、风能等新能源未充分开发利用，可再生能源消费占比较低。工业领域的碳排放占全省碳排放总量的 50%左右，其中石化、水泥、造纸行业分别占工业碳排放的 45%、25%、10%，碳排放强度较高。此外，自贸港旅游业、现代服务业和高新技术产业相关重大项目的建设将拉动全省"十四五"建筑、交通运输等相关行业的能源消费与碳排放增长。

气候治理下的基础能力建设与制度创新亟待加强。我省应对气候变化工作缺乏战略指导与有力抓手，部门联动性不高。碳排放基础数据获取渠道、部门会商机制及信息披露制度尚未建立。整体科技水平相对落后，投入低、人才缺、成果少的局面暂时没有改变，应对气候变化科技支撑能力有待提高。绿色金融发展起步较晚，整体规模不大，气候投融资有待建立并完善。在政策、技术、项目等层面的绿色低碳国际合作缺乏系统规划与落实，碳交易、生态补偿等减排机制的作用暂未充分体现。

二、指导思想、基本原则和主要目标

（一）指导思想

坚持以习近平生态文明思想为指导，深入贯彻落实党的十九大和十九届二中、三中、四中、五中、六中全会精神，准确把握新发展阶段，深入贯彻新发展理念，加快构建新发展格局。把碳达峰碳中和纳入国家生态文明试验区建设的整体布局，从战略全局认识和把握应对气候变化目标任务，力争在绿色低碳发展、生态环境质量、能源与产业结构、制度集成创新等方面争做"优等生"，为国家实现"双碳"目标做贡献。把降碳作为源头治理的"牛鼻子"，稳妥有序推动减污降碳协同增效，严格控制能源、工业、交通、建筑等重点领域的温室气体排放，确保安全降碳，提升适应气候变化能力，打造适应气候变化海岸线，促进经济社会发展全面绿色转型。

（二）基本原则

坚持减缓与适应同举并重。 减缓和适应气候变化是应对气候变化的两个有机组成部分，是一项长期而艰巨的任务。坚持控制温室气体排放与适应气候变化同步推进，推动社会绿色低碳循环发展，提高基础设施气候适应能力。

坚持部门与行业协调联动。 加强部门协调配合，促进应对气候变化与经济社会发展的深度融合，科学统筹全省、各市县及重点行业分阶段开展减缓与适应气候变化工作，建立有效的监督考核机制，实施分类指导的行动方案。支持低碳试点示范重点项目建设，加强温室气体与污染物排放协同控制，促进适应气候变化与生态保护修复等工作协同推进。

坚持科技与制度创新引领。 坚持需求导向和问题导向，改善应对气候变化科技创新生态，激发创新活力，建立符合海南自贸港高质量发展的应对气候变化科技支撑体系。加快应对气候变化制度集成创新，充分发挥政策引导与市场机制的作用，营造有利于绿色低碳发展的奖惩机制和市场环境。

坚持低碳与惠民相促相长。 以人民为中心，处理好减污降碳和能源安全、经济安全、粮食安全、群众正常生活的关系，坚持保障气候安全和低碳惠民相结合。进一步发挥好应对气候变化对高质量发展的引领作用、对生态文明建设的促进作用、对环境污染治理的协同作用，提高全民应对气候变化意识，形成全社会积极应对气候变化的合力。

（三）主要目标

到2025年，初步建立绿色低碳循环发展的经济体系与清洁低碳安全高效的能源体系，确保完成"十四五"碳排放控制目标，碳排放强度水平继续保持全国领先，为实现碳达峰碳中和目标打牢基础。统筹和加强应对气候变化与生态环境保护相关工作，气候治理能力不断提高。

到2035年，国家生态文明试验区标志性工程、减污降碳协同增效、低碳试点示范等方面取得显著成效，温室气体排放实现稳中有降，碳排放强度与人均碳排放均处于全球领先水平。自然领域适应气候变化能力、经济领域适应气候变化韧性、社会领域气候变化适应水平不断提升，形成绿色低碳的生产生活方式，成为在国际上展示我国积极参与应对全球气候变化和生态文明建设成果的靓丽名片。

表1 海南省"十四五"应对气候变化规划指标体系

序号	指标名称	2020年现状值	2025年目标值	五年累计	指标属性
（一）能源与碳排放					
1	单位地区生产总值二氧化碳排放降低（%）	[27]	—	[N+5]	约束性
2	单位地区生产总值能源消费降低（%）	[11]	—	完成国家下达目标	约束性
3	非化石能源消费比重（%）	18.9	22左右	—	预期性
4	可再生能源消费比重（%）	7.5	14左右	—	预期性
（二）重点领域低碳发展					
5	单位工业增加值能源消费降低（%）	—	—	完成国家下达目标	预期性
6	化肥农药施用量减少比例（%）	[50.41]	—	[15]	约束性
7	新能源汽车保有量占比（%）	4.2左右	20左右	—	预期性
8	绿色建筑占新建建筑比例（%）	—	80	—	预期性
9	森林蓄积量（亿立方米）	1.60	>1.60	—	约束性
10	森林覆盖率	62.1	62.1	—	约束性
（三）热带岛屿适应气候					
11	灾害性天气监测率（%）	—	>95	—	约束性
12	海平面上升监测与评估体系	已建立	持续有效运行	—	约束性
13	海岸线生态修复长度（公里）	—	70	—	预期性

说明：1. "N+5"指在国家下达我省"十四五"碳排放强度下降目标的基础上再增加5个百分点。

2. [ ] 表示五年累计。

三、严格控制温室气体排放

（一）开展二氧化碳排放达峰行动

构建碳达峰碳中和"1+N"政策体系。按照积极、可行的原则，研究制定《海南省碳达峰实施方案》，明确碳达峰路线图与施工图，为实现碳中和目标奠定基础。推动能源、工业、建筑、交通、科技等重点领域制定碳达峰专项行动方案，指导市县因地制宜开展碳达峰行动。处理好发展和减排、整体和局部、短期和中长期的关系，加快形成节约资源和保护环境的产业结构、生产方式、生活方式、空间格局，协同实现二氧化碳排放达峰与自贸港高质量发展。(**牵头单位：省发展和改革委员会；配合单位：省碳达峰碳中和工作领导小组成员单位。以下均需各市县政府负责落实，不再列出**)

落实碳达峰各项政策举措。以能源结构调整、工业节能降碳、建筑与交通领域低碳创新发展为主要发力点，按职责分工全力推进相关工作，形成强大合力。高质量建设清洁能源岛，合理控制化石能源消费总量；高标准构建绿色低碳循环经济体系，推动三次产业和基础设施绿色升级；高要求实施建筑节能标准，推广绿色建筑与装配式建筑；高水平推动交通绿色低碳转型，推广交通电气化。加强绿色低碳技术攻关，坚持重点项目示范引领，探索"双碳"实现路径的海南案例。(**省碳达峰碳中和工作领导小组成员单位按职责分工负责**)

强化碳达峰碳中和能力建设。组织碳达峰碳中和相关培训和专题学习，加强低碳政策、碳排放核算与监测等基础能力建设，增强抓好绿色低碳发展的能力；将重点行业与区域碳达峰行动落实情况纳入生态环境保护督察，形成有力有效的监督执纪问责机制。(**牵头单位：省发展和改革委员会、省生态环境厅；配合单位：省碳达峰碳中和工作领导小组成员单位**)

（二）建立绿色生态型现代产业体系

围绕"三区一中心①"战略定位，坚持融入新发展格局、生态环境保护优先的原则，发挥绿色、生态、服务、开放优势，增强产业竞争力，降低单位产值碳排放。到 2025 年，现代服务业、高新技术产业增加值占比分别达到 35%以上、15%以上。

加快旅游业提质升级。以建设国际旅游消费中心为目标，发挥气候与生态环境优势，依托环岛旅游公路、热带雨林国家公园、海岛旅游资源，将旅游与工业、农业、购物、体育、医疗相结合，形成"处处有旅游，行行搞旅游"的发展局面，鼓励开展主题丰富、形式多样的研学旅行，打造绿色生态旅游品牌。(**牵头单位：省旅游和文化广电体育厅；配合单位：省发展和改革委员会、省工业和信息化厅、省商务厅、省农业农村厅、省林业局**)

引领现代服务业发展。发挥自贸港政策优势，开展以投资与贸易便利化的金融服务，以陆海贸易新通道和区域航空枢纽为支撑的航运服务，以吸引境外医疗消费回流为特色的医疗服务，以国际学校合作或独立办学为创新的教育服务，以中国国际消费品博览会为契机的会展业服务，力争为全国现代服务业的发展发挥示范引领作用。(**省金融监管局、省交通运输厅、省卫生和健康委员会、省旅游和文化广电体育厅、省商务厅、省发展和改革委员会、省教育厅等部门按职责分工负责**)

---

① 三区一中心：海南全面深化改革开放的战略定位，"三区"指全面深化改革开放试验区，国家生态文明试验区和国家重大战略服务保障区；"一中心"指国际旅游消费中心。

推动"3+3^①"高新技术产业发展。 充分考量碳排放标准和环境承载力，加快发展数字经济、石油化工材料和现代生物医药三大战略性新兴产业；培育壮大以"陆海空"为主的三大未来产业，加大南繁育种全产业链发展，加强深海科技及装备制造产业发展，建设"航天+"产业示范区。（**牵头单位：省工业和信息化厅；配合单位：省发展和改革委员会、省商务厅、省农业农村厅、省科学技术厅、省大数据管理局**）

做优做强热带特色高效农业。 引进适合在海南种植的热带水果，扩大冬季瓜菜种植面积，深入推动橡胶、槟榔、椰子"三棵树"的发展，提高深加工附加值，打造国家天然橡胶生产基地，为国家热带农业作出应有的贡献。推进畜禽养殖业转型升级；推动渔业转型，引导渔民走工厂化养殖、深海养殖、休闲渔业道路。（**牵头单位：省农业农村厅；配合单位：省发展和改革委员会、省自然资源和规划厅**）

（三）高质量建设清洁能源岛

强化节能增效。 继续实施能源消耗总量和强度"双控"制度，强化节能监察，健全节能降碳相关法律法规。开展建筑、交通、制冷、照明等基础设施节能升级改造，推动园区能源系统优化和梯级利用。加强新型基础设施节能降碳，将年能耗量 5 000 吨标煤以上的数据中心纳入能耗在线监测系统。加强电力需求侧管理，探索灵活多样的市场化需求响应交易模式，引导科学用能，降低全社会能耗水平。（**省发展和改革委员会、省工业和信息化厅、省住房和城乡建设厅、省交通运输厅、省机关事务管理局按职责分工负责**）

清洁高效利用化石能源。 在保障能源安全前提下，加快淘汰煤电落后产能，严控新增煤电项目，在建材、石化、造纸等重点行业通过集中供热、能源综合利用等方式推进清洁能源应用；大力推进散煤治理，2025 年前，各市县建成区范围内全面淘汰 35 蒸吨/小时及以下燃煤小锅（窑）；有序发展天然气发电，深度挖掘调峰潜力，为提升新能源消纳能力做好支撑。鼓励建设天然气冷、热、电三联供分布式能源项目。推进城镇燃气工程建设，按照"市场主导、政府推动、农户自愿、科学规划、因地制宜"和"宜管则管、宜罐则罐"原则，科学有序推进燃气下乡"气代柴薪"。（**省发展和改革委员会、省工业和信息化厅、省生态环境厅、省住房和城乡建设厅、省农业农村厅按职责分工负责**）

大力发展非化石能源。 以碳达峰碳中和为目标导向，充分开发我省丰富的太阳能、氢能、风能、生物质能、地热能、海洋能等低碳能源资源，逐步建立以可再生能源与核电为主的能源供应体系。

1. 安全推进核电发展。 进一步提升核电安全管理水平；稳步推进昌江核电二期建设；开展核电基地外围辐射环境监督性监测，确保辐射环境安全。（**牵头单位：省发展和改革委员会；配合单位：省工业和信息化厅、省生态环境厅**）

---

① 3+3：三大战略性新兴产业与三大未来产业。

2. 推动太阳能利用。科学统筹光伏发电的布局与市场消纳，在符合国土空间规划的前提下，鼓励利用酒店、住宅、厂房等资源建设分布式光伏发电；推动光伏与农业、渔业、海水淡化、海洋牧场建设等综合发展，形成多元化光伏发电应用模式。到2025年，新增装机规模400万千瓦。**（牵头单位：省发展和改革委员会；配合单位：省工业和信息化厅、省住房和城乡建设厅、省农业农村厅）**

3. 推进水电绿色发展。在做好生态环境保护和移民安置的前提下，适时启动三亚羊林抽水蓄能电站项目前期工作。建设迈湾和天角潭水电站。**（牵头单位：省发展和改革委员会；配合单位：省水务厅、省生态环境厅）**

4. 试点发展海上风电。根据风能资源、电网消纳及生态示范等要求，试点海上风电项目。到2025年，新增装机200万千瓦。**（牵头单位：省发展和改革委员会；配合单位：省自然资源和规划厅、省生态环境厅）**

5. 因地制宜发展生物质能、海洋能、地热能。科学发展城镇生活垃圾焚烧发电；积极推进小单机容量、多台（套）潮流能和波浪能阵列化发电装置研究与开发示范；开展专项地热能资源调查评价工作，争取建设干热岩勘探开发示范工程。**（省发展和改革委员会、省自然资源和规划厅、省科学技术厅按职责分工负责）**

6. 探索绿色氢能。利用光伏、风能、核能制取氢气，探索氢能在电力系统调峰中的应用，开发氢气储运的关键材料和技术设备，将可再生能源生产的氢能用于工业、交通、发电等部门。**（牵头单位：省发展和改革委员会；配合单位：省工业和信息化厅、省交通运输厅、省科学技术厅）**

推进构建以新能源为主体的新型电力系统。大力推进新能源发展，新增新能源同步配套建设储能设施，激励各类电力市场主体挖掘调峰资源，优化新型电力系统调度运行，推动"源网荷储[①]"一体化协调互济，大幅提升新能源电量在能源消费中的占比。建设安全、可靠、绿色、高效、智能的现代化电网，推动电网智能化升级。深化能源体制改革，加快推动电力现货市场、辅助服务市场建设，研究完善抽水蓄能、调峰火电、电化学储能等调节性电源电价和成本疏导机制。加快构建新能源汽车充换电全岛"一张网"运营模式，提高全社会绿电消费意识。**（牵头单位：省发展和改革委员会；配合单位：省工业和信息化厅、省交通运输厅、省住房和城乡建设厅、省科学技术厅、海南电网有限责任公司）**

（四）推动工业领域低碳转型升级

严格控制"两高[②]"项目盲目发展。落实国家《产业结构调整指导目录》要求，科学

---

① 源网荷储：一种包含"电源、电网、负荷、储能"整体解决方案的运营模式。

② 两高：高耗能高污染。

稳妥推进拟建"两高"项目，深入推进存量"两高"项目节能改造。严控不符合国家与自贸港产业规划、产业政策、"三线一单①"、产能置换、能效标准、煤炭消费减量替代和污染物排放区域削减等要求的"两高"项目。研究建立重点行业碳排放标准与准入机制，通过碳排放评价制度统筹调配使用碳排放指标。发挥碳排放的绿色标尺作用，实现对项目碳排放增量与减排量的精细化管控，提高引进项目的绿色低碳水平，引导社会资金投向能效水平高、碳排放水平先进的行业领域，不断优化产业结构，构建低碳产业链。到2025年，单位工业增加值能源消费降低完成国家下达任务。（**省发展和改革委员会、省工业和信息化厅、省生态环境厅按职责分工负责**）

推进传统产业绿色低碳化改造。科学制定电力、石化、水泥等重点行业碳达峰行动方案，积极探索碳捕集、利用和封存项目试点。大力推进开展清洁生产，加快石油化工、建材、造纸等传统产业的智能化、绿色化、服务化改造。开展绿色制造，建设绿色工厂与绿色工业园区，在高端油气化工、生物医药、绿色建材等行业，加强绿色设计关键技术应用，在设计源头兼顾环境影响和资源能源消耗，减少产品碳足迹。鼓励企业采用节能设备、开发节能工艺、使用可降解包装材料，实施生产过程能源消耗的监测和精细化管理，形成绿色生产体系。探索在重点园区实施集中供热供冷供电，开展园区循环化改造。（**牵头单位：省工业和信息化厅；配合单位：省发展和改革委员会、省生态环境厅**）

（五）加强城乡低碳化建设与管理

推广绿色低碳开发模式。在规划中融入气候适应理念和碳排放管控措施，完善城乡绿色低碳规划、建设和管理制度，优化国土空间开发格局，合理布局城镇产业空间和布局空间，促进职住平衡、产城融合、科学规划城镇开发强度；评估建设用地碳排放强度，提高土地利用规划的碳减排效应，提升绿色城镇化建设水平。营造优质绿色市容环境，规划建设数字城市，筑牢绿色智慧城市基础。（**牵头单位：省自然资源和规划厅；配合单位：省发展和改革委员会、省住房和城乡建设厅、省生态环境厅**）

发展绿色建筑与装配式建筑。加快超低能耗、近零能耗和零能耗等绿色低碳建筑发展，全面执行绿色建筑标准，推广可再生能源建筑一体化应用。不断完善装配式建筑产业布局，在临高金牌港建成集设计、生产、施工、科技、研发、检测于一体的全产业链产业园区，建设"零碳建筑展示交流中心"。到2025年，绿色建筑与装配式建筑占新建建筑比例均达到80%以上。（**牵头单位：省住房和城乡建设厅；配合单位：省发展和改革委员会、省生态环境厅、省工业和信息化厅**）

加快建筑节能改造与低碳管理。按照建筑领域碳达峰碳中和要求，实施与国际接轨的建筑节能标准，主动适应热带气候特征和场地条件，通过被动式建筑设计大幅降低制

---

① 三线一单：生态保护红线、环境质量底线、资源利用上线和生态环境准入清单。

冷、照明能耗。探索建筑节能商业模式，引导采用合同能源管理、用能权交易、碳交易等市场机制推动办公楼、酒店、商场等既有公共建筑开展节能改造。建立健全建筑能源消费计量、统计和监测体系，严格管控高能耗建筑发展。推进绿色农房建设，加快农房节能改造。（**牵头单位：省住房和城乡建设厅；配合单位：省发展和改革委员会、省机关事务管理局、省生态环境厅、省农业农村厅、省旅游和文化广电体育厅**）

推进城乡用能方式变革。积极推进农业生产、居民生活等领域电能替代，建设电网友好型建筑，合理配置储能系统，推广智能楼宇、智能家居、智能家电，不断提升电气化水平。加快农村用能低碳转型，推广节能环保灶具、电动农用车辆、节能环保农机和渔船；加快生物质能、太阳能、风能等可再生能源在农业生产和农村生活中的应用。（**省发展和改革委员会、省住房和城乡建设厅、省农业农村厅、海南电网有限责任公司按职责分工负责**）

实施废弃物资源化利用。按照减量化、再利用、资源化等循环经济和低碳经济要求，以现有垃圾处理项目为中心，统筹推进循环经济产业园建设，实现各类固体废弃物无害化处理和资源化利用。全面推进垃圾分类，加快建设生活垃圾焚烧处理设施，因地制宜推进厨余垃圾处理设施建设，科学提升建筑垃圾资源化利用水平，完善危险废弃物处置设施；提升污水管网收集能力，推行污水资源化利用与污泥无害化处置。深入推进"无废城市"建设与禁塑工作，为推进全国生态文明建设探索新经验。（**省住房和城乡建设厅、省生态环境厅、省发展和改革委员会、省水务厅按职责分工负责**）

（六）构建绿色低碳综合交通运输体系

优化交通运输结构。研究制定交通领域碳达峰行动方案，建立全域绿色、智慧、高效的新型交通网络体系。加快交通电气化进程，推动航空、铁路、公路、航运的低碳发展；实施绿色低碳出行行动，推进城市公交线路向郊区延伸，构建多样化城市公共交通服务体系。完善城市步行和非机动车慢行交通系统，提升步行、自行车等出行品质。大力发展共享交通，推动汽车租赁业发展。开展清洁柴油车行动，严格落实营运重型柴油车燃料消耗量达标核查。积极推进航空生物燃料的应用，不断提高清洁能源在机场能耗中的占比；提高电气化铁路比重，显著提升铁路货运比例；大力推广船舶靠港、机场廊桥使用岸电。（**省交通运输厅、省发展和改革委员会、省公安厅、海南海事局、民航海南监督管理局、省生态环境厅、省住房和城乡建设厅按职责分工负责**）

全面推广应用新能源汽车。加大燃油车调控力度，推进增量和存量汽车双向新能源化，建立"新能源汽车+共享化"交通生态。大力支持海南新能源汽车全域推广应用及相关产业发展，制定蓝牌换绿牌鼓励政策，开展新能源汽车换电模式及氢燃料电池汽车应用示范，积极开展机动车零排放示范区试点。到2025年，公共交通领域新增和更换车辆使用清洁能源比例达 100%；全省新能源汽车保有量占比 20%左右，充电基础设施总体车桩比小于 2.5∶1。（**牵头单位：省工业和信息化厅；配合单位：省交通运输厅、省发展和改革委员会、省公安厅、省机关事务管理局**）

（七）有效控制非二氧化碳温室气体排放

控制农业氧化亚氮与甲烷排放。实施化肥农药减量增效行动，开展绿色防控、秸秆还田、有机肥利用，减少农田氧化亚氮排放。控制畜禽温室气体排放，支持市县开展畜禽粪污资源化利用试点，实现畜禽粪污综合利用率 90%以上。积极开展农光互补等农业增汇工程，探索立体农业新模式。到 2025 年，全省化肥农药施用量比 2020 年减量 15%以上。（**牵头单位：省农业农村厅；配合单位：省生态环境厅**）

控制废弃物处理产生的氧化亚氮与甲烷排放。开展垃圾填埋气治理，探索甲烷回收利用模式。按照垃圾焚烧处理全覆盖、就近和处理能力相匹配的原则，优化垃圾焚烧处理能力。统筹废水综合治理与资源化利用，加大生活污水收集处理设施建设力度，探索建设工业废水近零排放试点工程，鼓励农村生活污水尾水资源化利用。（**省住房和城乡建设厅、省发展和改革委员会、省水务厅、省生态环境厅按职责分工负责**）

控制制冷产生的氢氟碳化物排放。严格落实《消耗臭氧层物质管理条例》和《〈蒙特利尔议定书〉基加利修正案》，加速淘汰氢氯氟碳化物（HCFCs）制冷剂，严控氢氟碳化物（HFCs）的使用。开展绿色高效制冷行动，提高制冷产品能效标准水平及绿色采购比例，鼓励制冷行业创建绿色工厂。加强过程监管，有效防止制冷设备在安装、使用、维修、移机过程中的制冷剂泄漏和排放。（**省生态环境厅、省工业和信息化厅、省市场监督管理局按职责分工负责**）

（八）增加自然生态系统碳汇总量

强化生态系统碳汇建设。开展生态系统碳汇机制研究与开发，摸清海洋碳汇、林业碳汇分布及增汇路径和潜力。深化气候变化领域基于自然的解决方案[①]，协同推进山水林田湖草生态保护修复、生物多样性保护等相关工作，保护和恢复生态保护红线区、林区生态系统。全方位推进城市中心公园、道路和住宅区绿地建设，提高公共绿地的均衡性。探索开展农业生态系统碳汇调查技术方法研究，大力推进生态农业碳汇技术研发与推广应用，推动耕地质量保护与提升。通过不断提升生态系统碳汇增量，为实现碳中和愿景发挥重要作用。（**省自然资源和规划厅、省生态环境厅、省林业局、省农业农村厅、省住房和城乡建设厅按职责分工负责**）

---

① 基于自然的解决方案：保护、可持续利用和修复自然的或被改变的生态系统行动，提倡依靠自然的力量应对气候风险。

科学提升林业碳汇水平。深入推进海南热带雨林国家公园碳汇建设，研究建立林业碳汇监测与计量体系，不断提升储碳能力，探索基于碳汇的生态产品价值实现机制。全面开展红树林生态系统保护与修复，到2025年，新增红树林面积2.55万亩，修复退化红树林湿地4.8万亩。（**牵头单位：省林业局；配合单位：省生态环境厅、省自然资源和规划厅**）

有序开发海洋碳汇潜力。高标准建设自贸港蓝碳[①]研究中心，不断深化微生物碳汇、渔业碳汇及珊瑚礁碳汇理论，推动我省优势资源碳汇纳入应对气候变化治理体系。开展蓝碳方法学与生态产品价值核算研究，探索碳中和实现机制。研究制定减污降碳协同、陆海统筹的生态环境治理、碳汇交易及服务等金融、财政、环境政策制度，研究落实相关税收政策，结合生态补偿、碳普惠等机制，逐步将蓝碳交易体系拓展为国际化市场体系，探索打造面向"一带一路"沿线国家的气候变化合作平台和碳交易服务平台。（**牵头单位：省自然资源和规划厅；配合单位：省林业局、省生态环境厅、省财政厅、省地方金融监督管理局**）

四、主动适应热带岛屿气候变化

（一）加强海平面上升监测与评估

加强海平面变化相关的海岸侵蚀和海水入侵等长期监测调查，强化对滨海地区地面沉降和堤防高程的监测，研究制定海平面上升风险图，科学评估海平面上升对国土空间格局、沿海地下水资源、海岸防护能力、滨海生态系统和旅游资源的影响，提升极端高海平面和滨海城市洪涝等的早期预警能力。（**牵头单位：省自然资源和规划厅；配合单位：省应急管理厅、省生态环境厅、省气象局、省旅游和文化广电体育厅**）

（二）提升海洋生态系统适应气候综合效能

在国土空间规划和相关专项规划编制过程中，充分考虑未来海平面上升的影响。根据海平面上升幅度与海洋灾害预警，提升沿海基础设施防灾标准与防洪排涝能力，推进海堤生态化改造。科学应对海洋变暖与酸化，推进海洋及海岸带生态保护修复与适应气候变化协同增效。开展岸滩修复养护工程，及时修复遭受侵蚀严重的重点岸线；开展海岛岸线综合治理工程，恢复部分人工岸线的自然生态功能。加强蓝碳生态系统保护，结合蓝色海湾建设，充分发挥红树林、海草床等生态系统的天然防护作用，倡导制定基于自然的海平面上升适应方案。（**牵头单位：省自然资源和规划厅；配合单位：省生态环境厅、省林业局、省气象局**）

[①] 蓝碳：利用海洋活动及海洋生物吸收大气中的二氧化碳并将其固定在海洋中的过程、活动和机制。

（三）提高陆地生态系统适应气候变化能力

推广农业高效节水灌溉技术，提高农田灌溉效率；通过有机肥替代化肥、保护性耕作、秸秆覆盖还田等方式，增加生态系统土壤碳汇，提升农业气候适应能力。严格执行林地保护管理，科学规划林地保护利用空间格局；加强森林经营与抚育，构建稳定高效的森林生态系统，增强抵御气候灾害能力；加强林业自然保护区建设，强化景观多样性保护和恢复，开展适应性管理，提升气候变化情况下生物多样性保育水平。（**省农业农村厅、省林业局、省自然资源和规划厅、省生态环境厅按职责分工负责**）

（四）建立健全防灾减灾预报预警体系

健全热带气旋、风暴潮、赤潮、海啸、浓雾、地质等灾害预报预警和防御决策系统，提高防灾减灾、应对突发事件的能力。建立预警信息发布、传输、播报工作体系，探索形成分灾种、分区域、分人群的个性化定制预警信息服务。（**省应急管理厅、省自然资源和规划厅、省生态环境厅、省气象局按职责分工负责**）

（五）提升城乡建设的气候韧性

在城乡建设中充分考虑气候承载力，积极应对热岛效应和城市内涝，修订和完善城市防洪治涝标准，合理布局城市建筑、公共设施、道路、绿地、水体等功能区，统筹推进海绵城市建设。开展气候变化对工业、农业、林业等领域的影响评估分析，加强对热带雨林国家公园、湿地公园、度假海岛等受气候变化威胁的旅游资源保护，增强旅游业适应气候变化能力。（**省自然资源和规划厅、省住房和城乡建设厅、省生态环境厅、省农业农村厅、省旅游和文化广电体育厅、省林业局、省水务厅、省气象局按职责分工负责**）

（六）增强人群健康适应气候变化能力

加强与气候变化相关的卫生资源投入与健康教育宣传。完善生态脆弱地区、气候变化敏感地区的公共医疗卫生设施建设；加强气候变化相关疾病，特别是相关传染性和突发性疾病流行特点、规律及应对策略、技术研究。探索建立对气候变化敏感疾病的监测预警、应急处置和公众信息发布机制，及时向公众发布气候变化、极端天气事件健康风险及相应的适应策略，提升公众对气候变化健康风险的认知水平和自我防护能力。（**省卫生健康委员会、省生态环境厅、省气象局按职责分工负责**）

五、推进应对气候变化治理体系和治理能力现代化

（一）加快构建应对气候变化法律体系

探索开展符合自贸港发展的应对气候变化法律研究，落实《海南自由贸易港法》配套生态环境保护法规，在修订已有环境保护法律法规时，围绕碳排放权交易、适应气候变化、节能降碳等重点领域，研究设置促进碳达峰碳中和实现的倡导性条款。（**牵头单位：省人大环资工委；配合单位：省生态环境厅、省发展和改革委员会、省工业和信息化厅**）

（二）建立健全应对气候变化制度

推动区域低碳创新发展。 综合考虑发展定位、产业结构、碳排放基数等因素，制定分类指导的"十四五"区域碳排放强度下降目标，将碳排放强度下降目标完成情况纳入污染防治攻坚战成效考核。各市县应做好"十四五"低碳发展顶层设计，深入落实重点行业碳减排、温室气体排放清单编制、低碳试点示范、适应气候行动等各项任务，切实推动区域绿色高质量发展。（**省应对气候变化及节能减排工作领导小组**）

持续完善应对气候变化标准。 谋划《海南省生态文明试验区生态环境标准对标规划设计》，探索构建重点行业碳排放标准、低碳试点示范建设标准、绿色消费指南等。加强节能环保、清洁生产、可再生能源等领域统计监测，健全相关制度，强化统计信息共享。搭建标准信息服务、标准技术服务、标准培训服务等标准化服务平台。（**省发展和改革委员会、省生态环境厅、省工业和信息化厅、省市场监督管理局按职责分工负责**）

研究建立碳排放总量控制制度。 围绕 2030 年前碳达峰目标，统筹协调碳排放总量、能源消费总量、能耗强度、非化石能源占比等目标，探索建立碳排放总量控制制度和分解落实机制，合理确定不同区域、重大工程和重点建设项目的碳排放增量空间。（**牵头单位：省生态环境厅；配合单位：省发展和改革委员会、省工业和信息化厅、省交通运输厅、省住房和城乡建设厅**）

实施碳排放环境影响制度。 将碳排放评价融入规划环境影响评价和建设项目环境影响评价，率先在洋浦、博鳌乐城国际医疗旅游先行区、三亚崖州湾科技城等重点园区开展碳评试点，及时掌握新建项目对区域碳排放总量的影响。探索碳排放评价与能评、排污许可等管理制度的统筹融合，夯实碳评制度运行的基础，探索形成相关制度创新案例。（**牵头单位：省生态环境厅；配合单位：省发展和改革委员会、省工业和信息化厅**）

创新气候投融资机制。 发布重点支持气候项目指南，进一步完善海南合格境外有限

合伙人（QFLP）制度，引进国际资金和境外投资者参与气候投融资活动，将海南打造为跨境气候投融资窗口。鼓励通过社会资本探索建立海南"碳中和基金"。加强财政投资支持，不断完善气候投融资配套政策，营造有利的政策环境。加强碳金融改革创新，坚持气候目标引领，推动将气候风险因素、碳足迹、碳价格纳入金融机构和企业的投资决策中。（**牵头单位：省地方金融监督管理局；配合单位：中国人民银行海口中心支行、海南银保监局、海南证监局、省发展和改革委员会、省生态环境厅、省财政厅**）

（三）统筹推进减污降碳协同增效

构建减污降碳源头防控机制。探索"三线一单"生态环境分区管控促进减污降碳协同增效的技术路径与管理模式，将应对气候变化与区域"双碳"目标要求全面融入环境管控单元。加强生态环境准入管理，持续开展碳排放环境影响评价。（**省发展和改革委员会、省生态环境厅、省自然资源和规划厅、省工业和信息化厅按职责分工负责**）

开展温室气体与大气污染物排放协同控制。定期开展温室气体与大气污染物排放协同控制评估。根据温室气体与大气污染物排放的同根同源性，评估各项措施的减污减碳协同效应，优化温室气体与大气污染物的协同减排路径。探索电力、水泥、石化、交通等重点行业协同减排技术推广应用，探索开展区域空气质量领先与碳排放达峰"双达"试点。（**省生态环境厅、省发展和改革委员会、省工业和信息化厅、省交通运输厅、省住房和城乡建设厅按职责分工负责**）

增强污染防治与碳排放治理的协调性。加强污水处理、垃圾焚烧等废弃物处理产生的温室气体排放管控，结合排污许可证管理，推进温室气体与污染物排放相关数据相互补充。鼓励绿色低碳的土壤修复，优化土壤风险管控，降低修复能耗，提高土壤碳汇。结合"无废城市"建设，强化资源回收与利用。（**省发展和改革委员会、省生态环境厅、省住房和城乡建设厅、省水务厅、省自然资源和规划厅按职责分工负责**）

（四）强化激励约束政策机制

完善促进绿色低碳发展的财税政策。持续加大对绿色低碳领域基础研究、应用研究的支持力度，支持能源高效利用、资源循环利用、碳减排技术、生态系统增汇工程等，继续落实节能节水环保、资源综合利用以及合同能源管理、环境污染第三方治理等方面的优惠政策。鼓励园区管理机构和园区企业设立股权投资基金，按市场化方式支持绿色低碳产业发展；支持园区管理机构和园区企业按照《海南省促进经济高质量发展若干措施》的规定申报奖补、贴息等。（**牵头单位：省财政厅、国家税务总局海南省税务局；配合单位：省发展和改革委员会、省生态环境厅、省工业和信息化厅、省科学技术厅、省地方金融监督管理局**）

优化引导绿色低碳消费的价格政策。完善节能环保电价政策，严格落实居民阶梯电价和差别电价政策，支持用户侧储能、虚拟电厂等资源参与市场化交易，鼓励可再生能源电力消纳机制创新，完善绿色电力消费认证机制。加大政府绿色采购力度，扩大绿色产品采购范围，逐步将绿色采购制度扩展至国有企业。加强对企业和居民采购绿色产品的引导，鼓励地方采取补贴、积分奖励等方式促进绿色消费。**（牵头单位：省发展和改革委员会；配合单位：省生态环境厅、省工业和信息化厅、省财政厅、省市场监督管理局、省机关事务管理局、省国有资产委员会、海南电网有限责任公司）**

加快发展绿色贸易。开展低碳供应链研究，打造节能、绿色、低碳的高质量项目与产品。从严管理高污染、高耗能产品出口。开展进出口商品碳税机制研究，加强绿色标准国际合作，积极参与相关国际标准制定，推动合格评定合作和互认机制建设，做好绿色贸易规则与进出口政策的衔接。加强节能环保服务和产品出口，深化绿色"一带一路"合作，拓宽节能环保、清洁能源等领域技术装备和服务合作。**（牵头单位：省商务厅；配合单位：省发展和改革委员会、省生态环境厅、省财政厅、省市场监督管理局、国家税务总局海南省税务局）**

（五）主动发挥碳市场减排效应

积极参与全国碳排放权交易市场。发挥市场机制优化配置碳排放空间资源的作用，有效引导资金流向低碳发展领域，倒逼能源消费和产业结构低碳化。严格落实配额分配、数据报告与核查等工作，鼓励企业开展碳排放因子实测，建立能源与碳排放管理台账，提高碳资产管理意识。加强碳排放权交易监督管理，建立专职工作队伍，完善工作体系。加强对重点排放企业的履约监管，确保年度履约率100%。**（牵头单位：省生态环境厅；配合单位：省发展和改革委员会、省工业和信息化厅、省地方金融监督管理局）**

开展海南国际碳排放权交易所建设研究。在符合国家气候外交整体战略的前提下，探索在海南依法合规设立国际碳排放权交易场所。探索开展与"一带一路"沿线国家的减排量及配额互认，以海洋碳汇开发为重点，为海洋资源保护、海洋清洁能源开发、实现海洋可持续发展等活动提供市场机制支持。**（牵头单位：省地方金融监督管理局；配合单位：省生态环境厅、省发展和改革委员会、省自然资源和规划厅）**

积极开展自愿减排交易。探索参与国际核证碳减排标准（VCS）、国内温室气体核证减排（CCER）等自愿减排交易市场，鼓励企业合理利用自愿减排交易体系完成履约任务或践行碳中和目标。推进碳普惠机制建设，从绿色出行、绿色生活与公益活动等方面开发低碳应用场景，研究制定支持碳普惠机制推广的金融财政政策，逐步建立可持续的碳普惠商业模式，提高全社会开展碳减排活动的积极性。**（省地方金融监督管理局、省生态环境厅、省发展和改革委员会、省商务厅、省市场监督管理局、省财政厅按职责分工负责）**

(六)科学构建统计核算与监测体系

加强温室气体排放统计核算。定期编制省级和市县温室气体排放清单,强化能源、工业、农业、林业、废弃物处理等领域的碳排放统计体系建设。**(牵头单位:省生态环境厅;配合单位:省应对气候变化及节能减排工作领导小组成员单位)**构建省级、市县、企业三级温室气体排放基础统计和核算工作体系。以能源活动为重点,探索建立全省碳排放预测方法,提高数据时效性。探索建立应对气候变化综合管理平台,集成温室气体排放清单、重点企业碳排放、碳强度下降目标考核等数据,运用大数据分析支撑应对气候变化管理决策。**(牵头单位:省发展和改革委员会;配合单位:省统计局、省生态环境厅、省工业和信息化厅)**

逐步将碳监测纳入生态环境监测体系。探索通过实地监测结合卫星遥感技术,开展城市大气温室气体浓度一体监测试点,适时开展典型区域土地利用年度变化监测与生态系统碳汇监测,不断提升不同尺度温室气体空间分布、碳排放反演等业务化遥感监测评估能力。鼓励在火电、水泥、石化、化工等行业开展二氧化碳排放监测试点,在石油天然气开采行业开展甲烷排放监测试点。**(牵头单位:省生态环境厅;配合单位:省统计局、省自然资源和规划厅、省工业和信息化厅)**

推动企业碳排放信息披露。研究制定碳排放信息披露流程与相关指南,鼓励企业主动公开温室气体排放信息,并纳入企业年度社会责任报告,倡导国有企业、上市公司公布温室气体排放信息和控排行动,并开展碳中和活动。**(牵头单位:省生态环境厅;配合单位:省发展和改革委员会、省工业和信息化厅、省国有资产委员会)**

(七)加强应对气候变化科技创新

加快应对气候变化科技平台建设。加强"平台+主体+项目+人才"一体化部署,打造高水平应对气候变化创新平台。开展热带岛屿地区碳汇计量、蓝碳资源保护与利用、碳减排技术、气候适应与生态保护协同治理等关键技术研究,推动绿色低碳成果转化。**(牵头单位:省科学技术厅;配合单位:省发展和改革委员会、省自然资源和规划厅、省生态环境厅、省教育厅、省林业局)**

开展热带岛屿应对气候变化重大问题研究。研究制定科技创新支撑引领碳达峰碳中和的相关政策,发挥科技在碳达峰碳中和中的战略支撑作用,加强应对气候变化科技前沿探索与创新实践。聚焦海南自贸港绿色发展与国家生态文明试验区建设需要,围绕热带岛屿气候变化影响评估、气候变化与生物多样性、海岛生态系统碳汇等海南特有的研究课题,实施省级应对气候变化重点科技项目,研究碳元素在陆地、土壤、水环境、海洋等各个碳库间的生态过程,以热带雨林国家公园、海洋生态系统为重点,开发碳汇计量方法学；研究气候变化与臭氧层破坏的相互影响；在能效提升、新能源、海水淡化、储能、碳捕获收集与利用等领域开展技术创新研发，着力突破一批海南重点产业关键性技术问题。（**牵头单位：省科学技术厅；配合单位：省发展和改革委员会、省生态环境厅、省工业和信息化厅、省自然资源和规划厅、省林业局、省气象局**）

强化科技集成推广应用。探索构建应对气候变化领域技术引进、技术孵化、知识产权保护和运营、技术输出和人才引进等一体化的服务网络。加快推广应用减污降碳技术，建立完善绿色低碳技术和产品的检测和评估体系。采用"科学+技术+工程"相结合的产学研模式推进成果转化与应用示范。（**牵头单位：省科学技术厅；配合单位：省发展和改革委员会、省生态环境厅、省工业和信息化厅、省自然资源和规划厅、省知识产权局**）

（八）营造绿色低碳生活新时尚

倡导绿色低碳生活方式。广泛普及生态文明和应对气候变化理念，推动社会公众在衣食住行游等方面崇尚简约适度、文明健康的方式。探索建立绿色消费积分制度，培育绿色消费观念。开展节水节电行动，在公共场所用水处设置明显的节约用水标识，及时关闭电脑、多媒体、风扇、电灯等一切不必要的电源。鼓励绿色出行，营造公共交通与新能源汽车推广应用的良好氛围。持续推进"光盘行动"与禁塑工作，有序推动城镇生活垃圾减量和分类，深化绿色低碳行为模式。（**省应对气候变化及节能减排工作领导小组成员单位按职责分工负责**）

积极开展能力建设。加强应对气候变化业务培训，全面提升全省各级各部门应对气候变化政策水平和履职能力。加强与省内外专业机构合作，组建海南省应对气候变化专家库。加强应对气候变化学科发展，将应对气候变化教育纳入国民教育体系，鼓励大专院校、科研院所和相关企业积极培育应对气候变化专业人才，形成较为完善的专业化技术支持服务体系。（**牵头单位：省生态环境厅、省教育厅；配合单位：省科学技术厅、省人才发展局**）

六、积极参与区域气候治理

（一）服务国家应对气候变化战略

积极参与应对气候变化国际合作，共建清洁美丽世界。在生态环境部指导下，落实国家应对气候变化南南合作"十百千"项目，主动承办南南合作应对气候变化培训班。鼓励本省先进企业低碳技术及产品"走出去"，大力推动海南绿色清洁技术交流合作平台建设。

深化"一带一路"气候变化务实合作，面向中国—东盟环境合作、澜湄环境合作，重点开展"自由贸易港低碳建设—区域气候使者行动""基于自然的解决方案：应对气候变化与红树林保护""能源与气候（空气污染防治协同）""蓝碳城市与海洋减塑行动"等气候合作项目。通过圆桌论坛、调研考察等方式与东盟国家探讨开展碳交易国际合作的可行性，就蓝碳方法学、碳交易国际认证、低碳学校与低碳社区建设等领域开展交流。（**省委外事办公室、省生态环境厅、省发展和改革委员会按职责分工负责**）

（二）打造应对气候变化交流平台

充分利用我省作为国内改革开放新高地的政策优势和地缘优势，借助国际机构、国内智库的支撑，围绕生态文明与应对气候变化主题，建设区域环境政策对话与交流平台，开展蓝碳、海岸带适应气候、减污降碳、清洁能源等专题能力建设活动，积极打造海南对外合作交流新名片。（**省委外事办公室、省生态环境厅、省发展和改革委员会按职责分工负责**）

（三）推进区域应对气候变化合作

推进泛珠三角区域在减缓和适应气候变化技术、重点项目等方面的深入合作，探索建立区域减污降碳联动机制。以水资源、空气质量、生态保护等领域为重点，加强生态环境保护与应对气候变化协同监管和综合治理，形成有利于应对气候变化的空间格局、产业结构和生产生活方式。积极开展国内达峰城市间的技术与项目合作，促进达峰实施路径等方面经验交流与互动。探索建设低碳、零碳、负碳技术创新实践场所，构建碳中和技术、资金、政策交流平台。（**牵头单位：省生态环境厅、省发展和改革委员会；配合单位：省自然资源和规划厅、省科学技术厅、省水务厅**）

七、实施试点示范和重大工程

发挥试点示范的引领作用和重大工程的支撑作用，深化低碳试点示范，加强资金保障，实施重点行业碳减排工程，低碳示范区建设工程、气候风险评估预警及能力建设工程、应对气候变化协同增效示范工程、低碳管理与文化建设工程。（**省应对气候变化及节能减排工作领导小组成员单位按职责分工负责**）

（一）重点行业碳减排示范工程

从能源、工业、建筑、交通、服务业等重点领域开展碳减排示范工程建设，引领行业低碳发展。

专栏1　碳减排示范工程建设项目

低碳智慧能源综合利用项目：建设区域供冷能源站及配套管网，采用多能互补集成优化的方式，融合天然气分布式能源（冷热电三联供）技术、多级压缩超高效制冷机组、冰蓄冷技术、水源热泵技术以及分布式光伏技术，为大型酒店、写字楼、综合娱乐园等大型公共建筑提供区域集中供冷与生活热水服务。

碳捕集利用和封存示范项目：依托中石油等能源企业，开发多捕集源与管网和封存基础设施的集群模式，建成涉及碳排放捕集、运输和利用的一体化示范项目。推动福山油田碳封存基地建设。

"零碳展示交流中心"建设项目：在临高金牌港从建筑布局、建筑造型、建筑空间、建筑色彩、建筑材料均以"低碳"为出发点，融合"被动式"、可调节围护结构、温湿度独立控制系统、直流微网、人工智能等先进技术，建成兼顾展示性、可行性、实验性的零碳中心，集中展示世界最先进的低碳建筑技术理念。

氢燃料电池汽车应用试点项目：发挥率先全域推广电动汽车和燃料电池汽车的政策优势，布局建设可再生能源电解制氢与核电制氢，在旅游大巴、物流车、海汽城际班线车、海口/三亚公家车等领域开展氢燃料电池汽车应用试点，探索氢能船舶示范应用。

机动车零排放区试点项目：结合新能源汽车推广行动计划，从时间、车型、区域等方面，探索在景区、园区、机场、港口及公共道路等场景下设定机动车零排放区，推动交通领域减污降碳协同增效。

（二）低碳示范区工程

综合基础条件与示范效应，因地制宜开展低碳示范区建设，打造各具特点的示范工程，构建多层次低碳试点示范体系，探索区域绿色低碳发展的有效路径。

专栏2　低碳园区、景区、社区（学校）试点项目

绿色低碳工业园区：鼓励洋浦经济开发区、老城经济开发区等创建绿色低碳工业园区，开展循环化改造，建立企业间、产业间相互衔接、相互耦合、相互共生的低碳产业链，促进资源集约利用、废物交换利用、废水循环利用、能量梯级利用，以园区碳排放清单编制和企业碳排放的统计、监测、报告和核查体系建设为重点，加强企业碳管理能力建设。

低碳景区试点：鼓励4A级景区与5A级景区按照低能耗、低污染、低排放原则，建立景区低碳目标考核制度，主动将低碳科技应用到旅游基础设施建设中，聚焦清洁能源应用、低碳交通体系构建、用电设施节能改造等，打造低碳旅游品牌。

低碳社区试点：结合社区能源利用、环卫处理、交通、水资源利用、环境综合整治等方面开发低碳建设重点工程；构建社区低碳宣传服务体系。

低碳学校试点：加强校园低碳组织管理建设，完善资金保障和人员配备，同时加强制度和监管体系建设；从能源利用、节水系统设施、气候科普实验室、低碳教育体系等层面出发，打造校园低碳重点工程；构建全面的校园低碳宣传体系，营造校园低碳氛围。

专栏3 近零碳排放示范区工程建设项目

江东新区近零碳排放示范区：开展能源、交通、建筑低碳示范集成；结合新区正在开展的近零碳智慧新城和智能电网综合示范项目，增强分布式发电、调峰储能、储电资源的综合调度能力；推广"光储充检修"一体化充电站（充电桩、车棚屋顶光伏、储能系统），探索建设机动车零排放街道；高标准建设江东发展大厦，增加"降温节能"生态功能，打造"立体绿色建筑"。组织国内外专业机构对近零碳排放示范区进行评定，形成江东新区绿色低碳专属品牌，发挥后发优势，树立新区低碳建设典范。

三亚崖州湾科技城近零碳排放示范区：发挥科技与人才优势，开展分布式光/储智能微电网综合能源服务一体化开发建设，选取进驻高校建设"源—网—荷—储—控"综合供能平台，打造以能源互联网为特点的近零碳校园。围绕深海能源研究，优先在科技城开展技术示范与应用，探索建设低碳技术创新示范区。

博鳌乐城国际医疗旅游先行区近零碳排放示范区：结合博鳌乐城低碳智慧能源与智能电网综合示范区建设，通过储能技术进行削峰填谷，提高清洁能源消纳；以能源互联网建设模式下的冷、热、电、气多能源协同运转，实现能源供给、传输与消费的柔性匹配；结合区内气候环境条件与能源供给，通过绿色建筑技术集成，建设零碳超级医院，提升"气候疗法"的绿色低碳宣传效应。

鼓励其他园区根据自身特点因地制宜开展近零碳排放示范。

专栏4 碳中和示范区建设项目

区域碳中和示范区建设：选择低碳发展基础较好、地理边界清晰、管理主体明确、碳排放统计核算体系相对健全、非化石能源和碳汇资源禀赋较优越的区域先行先试，在政策、资金、技术等方面对试点区域给予支持，加快推动示范区绿色低碳发展模式和技术创新。

热带雨林国家公园碳中和示范工程：研究建立适用于热带雨林的林业碳汇计量监测体系，准确掌握森林生态系统碳储量动态；保护天然原生林，开展受损雨林生态系统的生态修复与应用研究，提升生态系统碳汇。通过生态补偿、封山育林等方式逐步退出人工林，鼓励社区居民参与国家公园保护管理与特许经营，探索林业碳汇交易，打造碳中和示范工程。

热带岛屿碳中和示范工程：通过设计可再生能源综合利用、低碳交通、近零能耗建筑、蓝碳增汇工程等示范项目，深化基于自然的解决方案，展示热带岛屿地区应对气候变化与生物多样性保护、生态修复、产业发展协同增效的典型案例。

（三）气候风险评估预警及能力建设工程

以建设覆盖海岸带地区及海岛的气候变化影响评估系统为目标，重点围绕海平面上升，开展气候变化对人体健康、海岸带、农业等重点领域的脆弱性与风险分析。

专栏5　气候风险评估预警及能力建设工程建设项目

南海海平面变化综合影响调查工程：加强新技术的应用，常态化开展年度海平面变化综合影响调查评估工作，完善与海平面变化相关的海岸侵蚀和海水入侵等的长期监测调查体系，强化对滨海地区地面沉降和堤防高程的监测，划定海平面上升高中低风险区，建立海平面上升风险预警系统。

热带岛屿气候变化与人类健康风险评估能力建设：结合世界银行全球"全健康"海南示范项目，从气候变化影响、暴露程度和脆弱性等方面，构建海南气候变化与健康风险评估指标体系，回顾并跟踪相关指标变化，识别脆弱人群、评估公共卫生系统的适应能力，为科学应对疫情大流行和气候变化这两种公共卫生危机提供支撑。

气候变化对热带农业的影响评估能力建设：运用农情遥感监测技术手段，强化气象为农服务能力，定期监测农业资源环境承载力变化情况；加强气候变化诱发的动物疫病的监测、预警和防控。

碳排放监测与碳汇计量工程：在电力、水泥、石化、化工行业开展碳排放监测试点，在油气行业开展甲烷排放监测与控制工程；利用遥感卫星监测并计量林业碳汇、海洋碳汇的现状、分布及结构。

（四）应对气候变化协同增效示范工程

探索协同控制温室气体与污染物排放的创新机制。运用基于自然的解决方案减缓和适应气候变化，提升林业、海洋等生态系统的气候韧性。

专栏6　应对气候变化协同增效示范工程建设项目

　　空气质量领先与碳排放达峰"双达"试点：选取典型城市，统筹大气排放源清单与温室气体排放清单编制工作，开展大气污染物与温室气体排放协同控制，制定协同"双达"规划，提出空气质量领先路径与碳达峰行动方案。在水泥、交通等行业开展大气污染物与温室气体协同控制试点示范。

　　蓝碳生态系统提升工程：以海口东寨港红树林、陵水新村与黎安港海草床、文昌与琼海麒麟菜等增汇工程，以及三亚湾、小海、老爷海等生态治理修复工程为重点，逐步开展蓝碳生态监测，保护修复现有的蓝碳生态系统。结合海洋生态牧场建设，探索生态渔业的固碳机制和增汇模式。研究制定蓝碳标准体系、增汇措施、交易规则、激励办法等，推动海洋生态系统保护修复与适应气候变化协同增效。

　　农业生态增汇工程：以农光互补、渔光互补为重点，推广光电控水技术；开展创新的耕作技术和碳减排实践活动，提升秸秆、畜禽养殖等农业废弃物综合利用水平，发展绿色低碳循环农业。

　　绿色高效制冷示范项目：以数据中心制冷系统、冷链物流、商业中央空调为重点，更新升级制冷技术与设备，结合"能效领跑者"制度，加速淘汰氢氯氟碳化物制冷剂，促进低温室气体效应制冷剂的应用，大幅提升能效与绿色化水平。

　　甲烷与氧化亚氮深度减排工程：开展生活垃圾与工业废水甲烷、氧化亚氮收集利用示范，尽可能减少处理过程的甲烷与氧化亚氮排放，统筹考虑污水再生利用、污泥资源利用与温室气体减排，实现减污降碳协同效应。

（五）低碳管理与文化建设工程

　　建设海南应对气候变化综合管理平台，以数字化推动气候治理。开展富有地域特色的低碳文化活动，推动应对气候变化知识普及，构建绿色低碳生产生活方式。

专栏7　低碳管理与文化建设工程

　　海南应对气候变化综合管理平台：融合碳排放量、减排量、碳评、碳普惠、气候项目库等信息，实现对全省、各地区及重点企事业单位碳排放数据的统一归集、管理，为应对气候变化决策提供数据支撑。

　　大型活动碳中和示范项目：针对博鳌亚洲论坛等国际会议、世界电动方程式赛车锦标赛等国际赛事开展碳中和活动，在举办阶段开展减排行动，在收尾阶段核算温室气体排放量，并采取蓝碳等海南特色碳汇完成碳中和，打造零碳会议、零碳赛事。

　　绿色普惠示范工程：研究制定系统科学、开放融合且符合海南生态产品特点的碳普惠机制。优先选取涉及旅游消费吃、穿、住、用、行等密切相关产品，统一制定碳普惠认证实施规则和认证标识。重点从垃圾分类、鼓励绿色出行、以及生态文明教育着手，逐步吸引餐厅、电影院、超市等商家入驻碳普惠平台，建立以商业激励、政策鼓励和碳减排量相结合的正向引导机制。率先在党政机关等公共机构开展碳中和实践活动，通过植树造林、认养珊瑚、购买绿色电力、驾驶新能源车等方式中和自身碳排放，带动更多社会主体参与碳普惠活动。

　　应对气候变化能力建设基地：依托国家生态环境科普基地（万宁兴隆热带植物园）以及东寨港国家自然保护区，结合生物多样性与应对气候变化知识普及，融合低碳理念，开发集科学知识性与趣味体验性相结合的科普活动与研学课程，打造海南生态文明与应对气候变化能力建设基地。

八、组织实施

（一）明确责任分工

　　充分发挥省应对气候变化及节能减排工作领导小组的统筹协调职能，统筹推进我省国家生态文明试验区建设与应对气候变化工作，建立科学精准、细化量化的硬指标、硬计划、硬举措，压实各部门、各行业、各地方的主体责任。各市县政府应制定相应的实施方案，以"抓铁有痕、踏石留印"的劲头落实绿色低碳"优等生"目标。

（二）强化统筹协调

　　加强应对气候变化的顶层设计和整体布局，建立联动机制，强化信息共享，充分调动各部门资源，形成工作合力。在生态环境系统实现气候变化与生态环境保护相关工作的统一谋划、统一布置、统一实施、统一检查，建立健全统筹融合的战略、规划、政策和行动体系。坚持顶层设计与问计于民，科学制定应对气候变化年度工作要点，定期调度重点工作进展情况，加强跟踪评估、督促检查及与市县的对接，协调解决实施中遇到的重大问题。

（三）加大资金投入

加强财政资金引导，将应对气候变化经费纳入同级政府预算，强化对应对气候变化统计核算、试点示范、能力建设等资金支持力度。统筹相关财政资金，综合运用土地、规划、金融、价格等多种政策引导社会资本投入，积极支持应对气候变化相关工作。

（四）加强监督考核

按照国家"十四五"应对气候变化工作要求，完善规划实施评估细则，加强对市县政府控制温室气体排放目标完成情况的考核评估，并纳入"十四五"生态环境保护规划及污染防治攻坚战考核体系；探索建立碳排放强度和总量指标动态监测和预警机制，将规划总体目标与任务按部门、行政区域进行分解、落实，明确责任主体，考核结果作为对市县政府主要负责人和领导班子综合考核评价的重要依据之一，督促市县政府将应对气候变化工作落到实处。

（五）引导公众参与

加强应对气候变化公众参与机制建设，拓宽公众参与与监督渠道；积极搭建公众参与平台，在全国低碳日、世界环境日、博鳌亚洲论坛等重要节点，开展丰富多彩的宣传活动，以主题报告、讲座、培训、学习、研讨会、论坛、科普展览、博览会等方式，提升全民低碳意识。组织开展海南自贸港绿色低碳发展典型案例评选活动，广泛宣传为应对气候变化作出突出贡献的集体和个人，推动形成节约适度、绿色低碳、文明健康的生活方式。

附件 "十四五"应对气候变化重点项目列表

序号	项目名称	项目内容	牵头单位	实施时间
一、重点行业碳减排示范工程				
1	低碳智慧能源综合利用项目	采用多能互补集成优化的方式，建设区域供冷能源站及配套管网	省发改委 市县政府	2022—2025 年
2	碳捕集利用和封存示范项目	依托中石油等能源企业，开发多捕集源与管网和封存基础设施	省发改委 相关企业	2022—2025 年
3	"零碳展示交流中心"建设项目	在临高金牌港建成兼顾展示性、可行性、实验性的零碳中心	省住建厅 相关企业	2022—2024 年
4	氢燃料电池汽车应用试点项目	建设可再生能源电解制氢与核电制氢，在旅游大巴、物流车等领域开展应用试点	省工信厅 省交通厅	2022—2025 年

序号	项目名称	项目内容	牵头单位	实施时间
5	机动车零排放区试点项目	从时间、车型、区域等方面，探索在景区、园区，以及公共道路等场景下设定零排放区	省生态环境厅 省公安厅 省交通厅	2022—2025 年
二、低碳示范区建设工程				
6	绿色低碳工业园区	在洋浦经济开发区、老城经济开发区等园区建设绿色低碳工业园区，开展循环化改造，建立企业间、产业间相互衔接、相互耦合、相互共生的低碳产业链	省发改委 重点园区	2022—2025 年
7	低碳景区试点	鼓励 4A 级景区与 5A 级景区按照低能耗、低污染、低排放原则，打造低碳旅游品牌	省生态环境厅 省旅文厅	2022—2025 年
8	低碳社区试点	结合社区能源利用、水资源利用、环境综合整治等方面开发低碳建设重点工程	省生态环境厅 省住建厅	2022—2025 年
9	低碳学校试点	加强校园低碳组织管理建设，营造校园低碳氛围	省生态环境厅 省教育厅	2022—2025 年
10	近零碳排放示范区试点	在江东新区、三亚崖州科技城、博鳌乐城国际医疗旅游先行区等区域开展近零碳排放示范	省生态环境厅 重点园区	2022—2025 年
11	碳中和示范区建设	开展中部市县热带雨林国家公园碳中和示范工程、热带岛屿碳中和示范工程建设	省生态环境厅 省林业局	2022—2025 年
三、气候风险评估预警及能力建设工程				
12	南海海平面变化综合影响调查工程	划定海平面上升高中低风险区，建立海平面上升风险预警系统	省资规厅 省气象局	2022—2025 年
13	热带岛屿地区气候变化与人类健康风险评估能力建设	结合世界银行全球"全健康"海南示范项目，识别脆弱人群、评估公共卫生系统的适应能力	省卫健委 省生态环境厅 省气象局	2022—2025 年
14	气候变化对热带农业的影响评估能力建设	强化气象为农服务能力，定期监测农业资源环境承载力变化情况；加强气候变化诱发的动物疫病的监测、预警和防控	省农业农村厅 省生态环境厅 省气象局	2022—2025 年
15	碳排放监测与碳汇计量工程	在电力、水泥、石化开展碳排放监测试点，在油气行业开展甲烷排放监测与控制工程；利用遥感卫星监测并计量林业碳汇、海洋碳汇的现状、分布及结构	省生态环境厅 省资规厅 省林业局	2022—2025 年
四、应对气候变化协同增效示范工程				
16	区域空气质量领先与碳排放达峰"双达"试点	选取典型城市与行业，开展大气污染物与温室气体排放协同控制	省生态环境厅	2022—2024 年

序号	项目名称	项目内容	牵头单位	实施时间
17	蓝碳生态系统提升工程	开展蓝碳方法学应用，建设蓝碳增汇工程，推动海洋生态系统保护修复与适应气候变化协同增效	省资规厅 省林业局 省生态环境厅	2022—2025年
18	农业生态增汇工程	开展创新的耕作技术和碳减排实践活动，提升秸秆、畜禽养殖等农业废弃物综合利用水平，发展绿色低碳循环农业	省农业农村厅 省生态环境厅	2022—2025年
19	绿色高效制冷示范项目	加速淘汰氢氯氟碳化物制冷剂，大幅提升能效与绿色化水平	省生态环境厅 省工信厅	2022—2025年
20	甲烷与氧化亚氮深度减排工程	开展生活垃圾与工业废水甲烷、氧化亚氮收集利用示范，实现减污降碳协同效应	省生态环境厅 省住建厅 省水务厅	2022—2025年
五、低碳管理与文化建设工程				
21	海南应对气候变化智慧管理平台	融合碳排放量、减排量、碳评、碳普惠、气候项目库等信息，实现对全省、各地区及重点企事业单位碳排放数据的统一归集、管理	省生态环境厅 省发改委 海南电网	2022—2024年
22	大型活动碳中和示范项目	采取蓝碳等海南特色碳汇完成大型活动碳中和，打造零碳会议、零碳赛事	省生态环境厅 省旅文厅	2022—2025年
23	绿色普惠示范工程	制定系统科学、开放融合且符合海南生态产品特点的碳普惠机制与应用平台，建立以商业激励、政策鼓励和碳减排量相结合的正向引导机制	省生态环境厅 省商务厅 大数据管理局	2022—2025年
24	应对气候变化能力建设基地	结合生物多样性与应对气候变化知识普及，融合低碳理念，打造海南生态文明与应对气候变化能力建设基地	省生态环境厅 省科技厅 省教育厅	2022—2025年

第五篇

海南省"十四五"

海洋生态环境保护规划

海南省"十四五"海洋生态环境保护规划

前 言

为全面贯彻党的十九大和十九届二中、三中、四中、五中、六中全会精神,深入落实习近平总书记在庆祝海南建省办经济特区 30 周年大会上的重要讲话、《中共中央 国务院关于支持海南全面深化改革开放的指导意见》《国家生态文明试验区(海南)实施方案》及《海南自由贸易港建设总体方案》等决策部署,在海洋生态文明建设基础上深度融入海洋强国战略,按照《中华人民共和国环境保护法》《中华人民共和国海洋环境保护法》和生态环境部办公厅《关于印发〈"十四五"全国海洋生态环境保护规划编制工作方案〉的函》(环办海洋函〔2020〕86 号)等的要求,以问题和目标为导向,以保护海洋生态系统和改善海洋环境质量为核心,贯通陆海污染防治和生态保护,以"管用、好用、解决问题"为出发点和立足点,对"十四五"时期海洋生态环境保护的目标任务作出部署安排,为我省海洋生态环境质量持续稳定改善提供规划引领与约束,着力推进海洋生态环境治理体系和治理能力现代化,为我省加强海洋生态文明建设,推动形成陆海资源、产业、空间互动协调发展新格局,建设海洋强省,服务海南自由贸易港建设提供助力。

第一章 开启"美丽海洋"建设新征程

"十四五"时期是我国推动实现第二个百年奋斗目标、全面启动建设美丽中国的起步阶段,也是我省高质量、高标准建设中国特色自由贸易港,建设国家生态文明试验区的关键五年。当前,我省海洋生态环境保护短板和缺项明显,不足和问题突出,在"美丽海湾"和"美丽海洋"建设征程中,机遇和挑战并存。

第一节 海洋生态环境特征

海域广阔、海岛众多、海岸线较长。我省管辖海域面积约 200 万平方千米(约占全国 2/3),是陆地面积的近 60 倍。海南岛近岸海域(含海岛)面积约 2.4 万平方千米,有海岛 600 余个。海南岛岸线长 1 910.11 千米,其中自然岸线 1 197.96 千米,占 62.72%;

人工岸线 711.73 千米，占 37.26%；其他岸线 0.42 千米，占 0.02%。

海湾、潟湖和河口广泛分布。海南岛拥有大小海湾（港湾）68 个，其中包括潟湖海湾 16 个，主要为沙坝—潟湖型、港湾型、溺谷型三种。海南岛独流入海河流 154 条，呈辐射状，或形成入海河口，或汇入潟湖后经潮汐汊道与外海连通。流域面积大于 1 000 平方千米的河流包括南渡江、昌化江、万泉河、陵水河及宁远河，在入海处形成较大河口。

典型生态系统类型丰富。我省同时拥有珊瑚礁、红树林、海草床等典型海洋生态系统。其中珊瑚礁、海草床分布面积全国最大，分别约占全国面积的 95% 和 64%；红树林面积约占全国的 14%，仅次于广东和广西。红树群落保存较为完整，具有典型的热带性、古老性、多样性和珍稀性，特别是我国天然分布的 37 种红树植物在我省均有分布，包括红榄李、海南海桑、拟海桑和水椰等濒危物种。

海洋环境质量优良。2020 年，全省近岸海域优良（一、二类）水质面积比例达到 99.88%，近岸海域沉积物质量为一类的点位比例为 100%。国家重点海水浴场水质优良比例为 100%。主要滨海旅游区、重点工业园区、海水养殖区环境质量均满足海洋功能区环境保护要求。

第二节　保护成效

"十三五"期间，我省全面落实党的十九大和十九届历次全会精神，深入贯彻习近平生态文明思想、习近平总书记关于海南工作的系列重要讲话和重要指示批示精神，高位推动国家生态文明试验区建设，扎实开展海洋生态环境保护工作。

多方联动，加强污染防治。加强船舶污染防治。2017—2019 年，海南海事局先后印发《船舶污染综合治理实施方案》《船舶污染控制实施方案》《关于做好〈船舶水污染物排放控制标准〉实施相关工作的通知》《防治船舶污染专项整治活动方案》等文件，督促辖区注册航运企业落实船舶水污染防治主体责任，对进出辖区船舶加强水污染防治监督检查，建立船舶水污染防治长效监管机制，强化辖区登记船舶防污染设施设备管理。推动建立船舶水污染物从产生、接收、转移到处置的全链条、闭环式管理机制，强化与其他相关部门的协作联动，加强信息共享，形成监管合力。目前，海口、三亚、洋浦和八所等港口已建立并实施联单制度，其他港口相关工作正积极推动中。2019 年，船舶污染物接收单位按联单制要求，共接收处置船舶含油污水 2 546 立方米、生活污水 398 立方米、垃圾 8 677 立方米和化学品洗舱水 11 立方米。**加强海水养殖污染治理。**2018 年，省生态环境保护厅印发《海南省陆域水产养殖建设项目环境保护管理规定（试行）》，为加强水产养殖污染防治，强化陆域水产养殖项目的环境管理提供重要依据。2019 年，省农业农村厅和省市场监督管理局分别印发和发布《海南省养殖水域滩涂规划（2018—2030 年）》

《水产养殖尾水排放要求》，规范了养殖布局，明确了养殖尾水处理和排放要求。省农业农村厅积极组织开展水产养殖尾水处理试点工作，并在试点基础上全面推动沿海市县开展海水养殖尾水治理。原省海洋与渔业厅印发《关于促进水产养殖业绿色发展的指导意见》，加快推动绿色转型升级。加大水产养殖监管，清退禁养区水产养殖，查处超标排放养殖尾水行为，解决海水养殖造成局部海域水质下降问题。**减少入海河流污染输入。**省人民政府相继印发《海南省城镇内河（湖）水污染治理三年行动方案》《海南省水污染防治行动计划实施方案》《海南省污染水体治理三年行动方案（2018—2020年）》《海南省全面加强生态环境保护坚决打好污染防治攻坚战行动方案》等一系列文件，加强包括入海河流在内的地表水治理，美舍河等入海河流治理效果明显，污染物入海量进一步减少。**规范入海排污口管理。**2017年，在环境保护部的统一部署下，我省核定非法或设置不合理入海排污口共计95个，并于2019年完成清理整治。在此基础上，各沿海市县结合各自实际积极推进入海排污口规范化管理，完成199个入海排污口的清理整治。2020年，我省启动并完成第一个养殖尾水排口设置备案，为点多面广的养殖尾水排口规范化管理奠定基础。**推动重点海域入海污染物总量控制。**出台《海南省重点海域入海污染总量控制实施方案》《海南省（海南本岛）重点海域名录》，完成新村湾容量试点研究，推动海口、三亚、儋州开展总量控制试点工作。**创新推进海上环卫制度。**出台《海南省建立海上环卫制度工作方案（试行）》，对我省海上及近岸滩涂垃圾的打捞、清理等工作作出部署，推动海口、三亚、洋浦及文昌开展试点工作。

　　采取系统措施，推动生态保护修复。法规体系进一步健全。出台《海南省湿地保护条例》《海南省生态保护红线管理规定》和《海南省人民代表大会常务委员会关于加强重要规划控制区规划管理的决定》，修订《海南经济特区海岸带保护与开发管理规定》，对滨海湿地、海洋生态保护红线区和海岸带等生态敏感区的保护与管理作出细致的规定；出台《海南省珊瑚礁和砗磲保护规定》，修订《海南省红树林保护规定》，对海南的典型海洋生境和珍稀濒危海洋生物实施严格保护。**海洋保护地规范管理程度进一步提高。**新建万宁老爷海、昌江棋子湾2个国家级海洋公园，新盈、陵水、三亚河3个国家级及三江1个省级红树林湿地公园。组织开展麒麟菜、白蝶贝2个省级保护区的资源调查，编制印发保护区总体规划，出台委托管理方案，理顺了管理机制，白蝶贝保护区管护站挂牌成立；持续开展"绿盾"专项行动，核查清理保护区内非法人类活动图斑；有序开展保护区整合优化。**有序推进海洋生态保护修复。**制定《海南省"蓝色海湾"综合整治实施方案》，"蓝色海湾"整治行动有序开展，陵水和乐东项目建设完成，海口市项目积极推进，三亚市、文昌市、万宁市项目开始启动。加强红树林湿地的保护修复，出台《海南省加强红树林保护修复实施方案》，明确了红树林保护与修复的具体目标、主要任务和管理机制，2016—2020年，共退塘还湿2933公顷，其中新造红树林800公顷。编制全省现代化海洋牧场建设规划,建成海洋牧场示范区 6 处,投放人工鱼礁 27.117 5 万空方。**积极抢救濒危物种。**为挽救濒临灭绝的红榄李,省林业局组织开展相关工作,2016—2018 年,培育红榄李幼苗 500 株。2017 年 12 月至 2018 年 6 月于陵水新村港和盐灶村进行红榄李苗木种植,为挽救濒危红树资源提供了有效的探索。

海洋环境风险应急能力不断提升。环境风险评估进一步强化。组织开展海南岛近岸海域海洋生态环境风险评估及对策研究,为全省海洋环境风险预警应急提供决策依据;完成全省危险品码头风险评估,危险品码头、一般散货码头均已配备相应的应急物资和设备。**应急预案进一步完善。**制定颁布《海南海事局船舶污染突发事件应急预案》《海南海事局船舶载运危险化学品突发事件应急预案》,海口、三亚、洋浦经济开发区颁布实施《船舶及其有关作业活动污染海洋环境应急预案》,为有效处置海上船舶溢油、危化品泄漏等环境突发事件奠定基础。**应急能力稳步提升。**大力推动国家溢油应急设备库建设和港航企业溢油应急设施配备,建成清除能力达 500 吨的海口溢油应急设备库,全省码头、清污公司完成配备围油栏 5 万余米,48 台收油机、100 余吨吸油毡等一批海上溢油应急设施,为海上溢油应急处置提供基础保障;建成海口、三亚、清澜、洋浦海事监管基地,全面提高重点港口及周边海域溢油应急能力。**应急队伍建设进一步加强。**持续推进应急队伍建设,建立超 500 人港航企业应急处置队伍,组织开展海上溢油应急演练,不断增强应急队伍实战能力。

海洋生态环境监管体制机制不断完善。海洋生态环境空间管控体系不断优化。深化"多规合一"改革,统筹协调各类涉海规划,统一空间基础数据,解决涉海规划冲突,建立健全规划调整硬约束机制,为形成陆海统筹保护发展新格局提供规划保障;建立健全以"三线一单"为核心的生态环境分区管控体系,提升生态环境治理体系和治理能力现代化水平,为加快建设国家生态文明试验区,高质量、高标准建设海南自由贸易港提供强力支撑和保障。**海洋生态环境管理体制不断健全。**机构改革后,海洋环保管理职责进一步明晰,陆海统筹通过部门调整增设得以保障,海洋工程和海岸工程环境管理工作无缝衔接,环保监测监察执法垂直管理更加便于全省一盘棋行动;全面推行"湾长制",深化海口市"湾长制"全国首批试点工作成效,积极探索属地责任明晰、体制机制创新的海湾保护管理模式,着力构建以海定陆、陆海统筹、河海兼顾、上下联动、协同共治的"湾长制"治理体系。省级环保督察制度日趋完善,中央环保督察和国家海洋督察反馈涉海生态环境问题整改成效显著。

积极探索海洋生态环境保护管理新路径。开展海洋生态系统碳汇试点。组织开展海洋碳汇的相关研究,推动海口、三亚海洋碳汇试点示范建设,探索海洋生态系统保护与应对气候变化协同共治。**参与海洋垃圾全球治理。**借鉴欧盟渔船打捞垃圾经验做法,结合我省实际,建立示范渔港,招募志愿渔民,组织开展无塑海洋行动,发展形成适合我省的"渔民—渔船—渔港"海洋垃圾治理模式。**推动减污降碳、协同增效。**试行开展碳排放环境影响评价工作，推动实现绿色低碳循环发展，为降低气候变化对海洋生态环境影响提供助力。

第三节　机遇和挑战

"十四五"时期是我国开启全面建设社会主义现代化国家新征程、向第二个百年奋斗目标进军的起步期，也是我省深入推进海南自由贸易港、国家生态文明试验区建设的关键期。海洋是我省高质量发展的战略高地，进入新时期新发展阶段，海洋生态环境保护工作也面临新的机遇和挑战。

国家系列重大决策对我省海洋生态环境保护提出新要求。

实施最严格的生态环境保护制度。《中华人民共和国海南自由贸易港法》在总则第五条明确提出，海南自由贸易港实现最严格的生态环境保护制度，坚持生态优先、绿色发展，创新生态文明体制机制，建设国家生态文明试验区。**保持生态环境质量全国及世界领先。**《中共中央　国务院关于支持海南全面深化改革开放的指导意见》提出，到 2025 年海南生态环境质量继续保持全国领先水平，到 2035 年居于世界领先水平。**建立健全陆海统筹、区域联动治理机制。**《国家生态文明试验区（海南）实施方案》中提出，要加强海洋环境资源保护，建立陆海统筹的生态环境治理机制。习近平总书记在庆祝海南建省办经济特区 30 周年大会上提出"要坚定走人海和谐、合作共赢的发展道路"，"要严格保护海洋生态环境，建立健全陆海统筹的生态系统保护修复和污染防治区域联动机制"。**发展海洋碳汇。**气候变化是全人类面临的严峻挑战，习近平主席系列重要讲话及《中共中央关于制定国民经济和社会发展第十四个五年规划和二〇三五年远景目标的建议》对碳达峰及碳中和工作作出部署，在保护的基础上增加碳汇以助力碳中和目标实现是海洋生态环境保护工作的光荣使命。国家一系列重大决策对我省海洋生态环境保护提出了新要求，同时也指明了方向。

经济社会发展新阶段，海洋生态环境保护面临新挑战。《海南省国民经济和社会发展第十四个五年规划和二〇三五年远景目标纲要》对海南自由贸易港建设及深度实施海洋强省战略提出了一系列任务。**建设国际一流开放口岸。**"十四五"期间，我省将加快建设洋浦港、海口港、三亚港、八所港、清澜港等"一线"水运口岸，在"一线"口岸增设"二线"功能，海口新海港、南港等新增"二线"口岸，按需推动其他口岸开放。**培育壮大石油化工新材料产业。**推动建设重点海域天然气水合物勘查开发先导试验区。依托南海油气资源和洋浦经济开发区（含东方临港产业园），深化芳烃、烯烃、新材料三大产业链，大力发展高性能合成树脂、特种工程塑料、高性能纤维等产品。**拓展海洋旅游业态。**推进邮轮旅游试验区建设，吸引国际邮轮注册，推动开辟环海南岛、北部湾近海和东部沿海地区航线。壮大邮轮游艇市场主体。建设公共游艇码头，加强市场化运作。推进海钓、冲浪、帆板等近海休闲游及海岛旅游。探索发展海底观景、南海俯瞰等远海观光旅游。**高质量建设渔港经济区，高起点建设现代化海洋牧场。**面对我省"十四五"涉海经济发展和建设大局，海洋生态环境风险防范能力、优良海洋生态环境质量持续保障及重点区域环境基础设施建设和管理等均面临重大挑战。

第四节 短板和瓶颈

环境质量和目标定位还有差距。"十三五"以来，我省海洋生态环境质量总体优良，但同时也存在较突出的问题。局部海域环境质量较差，海洋垃圾污染问题突出，公众关注度高。岸线侵蚀现象突出。珊瑚礁生态系统健康威胁因子较多，海草床呈现亚健康状态，红树林生态系统受人为干扰程度高。新老问题交织，海洋生态环境状况不容乐观，距 2035 年生态环境质量居于世界领先水平的远景目标还有较大差距。

结构性污染矛盾较为突出。农业面源和海水养殖污染问题突出，导致部分入海河流不能稳定达标或长期处于劣 V 类，养殖尾水入海排口点多面广，与生态环境保护矛盾突出，是各级环保督察及国家海洋督察的重点。

环境基础设施建设存在短板。沿海城镇及农村污水管网和垃圾处置等环境基础设施建设滞后。渔船污染物储运设施配置不足，收集储存处理能力较低；渔港码头环境基础设施及渔船污染物岸基接收、存储、处置设施建设滞后，距离"零排放，全接收"目标较远。

海洋生态灾害治理及环境风险防范能力建设水平较低。海洋灾害监测观测体系、海洋预警预报公共服务能力、沿海海洋灾害防御基础设施（如生态海堤等）建设和自然防御生态系统（如海防林、红树林等）的保护、用海工程的环境监管力度等水平较低。

尚无法全面满足公众临海亲海需求。进入新发展阶段，随着海洋国际旅游岛、国家生态文明试验区、海南自由贸易港建设上升为国家战略，沿海居民和广大游客环境保护意识不断提高，临海亲海需求日益增加，对清洁的海洋环境、优美的滨海生态度假空间和亲水岸线也提出了更高要求。我省现有亲海空间普遍存在亲海形式单一、亲海品质不高等问题，难以全面满足公众临海亲海需求。

海洋生态环境治理体系和治理能力现代化水平亟待提高。虽然我省海洋环境质量整体较好，但海洋生态环境保护基础能力仍显不足，治理体系有待完善。部分海洋自然保护区、滨海度假旅游区未按照主导功能规划利用，存在水产养殖无序发展、围填海破坏生态环境、海岸带过度开发或违规侵占等乱象。绿色发展和科技创新引领不够，市场化机制、社会化手段不足。当前，海洋生态环境保护工作正处于融合融入、重建重构的关键时期，迫切需要加快推动海洋生态环境领域治理体系和治理能力现代化，加快构建和完善政府主导、企业主体、社会组织和公众共同参与的多元治理体系，协同推进经济高质量发展和生态环境高水平保护，加快建设"美丽海洋"。

第二章　立足问题和发展，明确规划目标

第一节　指导思想

以习近平生态文明思想为指导，贯彻落实党的十九大和十九届二中、三中、四中、五中、六中全会精神及全国生态环境保护大会精神，贯彻落实党中央、国务院关于建设海洋强国、构建海洋命运共同体等的决策部署，准确把握新发展阶段，深入贯彻新发展理念，加快构建新发展格局，紧扣推动高质量发展主题，锚定生态环境和资源利用效率世界领先目标，坚持生态优先、绿色发展、陆海统筹、人海和谐，统筹推进生态文明建设，全面提升海洋生态环境治理体系和治理能力现代化水平，不断满足人民日益增长的优美海洋生态环境需求，为高质量高标准建设海南自由贸易港、为海洋大省助力海洋强国提供坚实的海洋生态环境保障。

第二节　基本原则

生态优先，绿色发展。牢固树立和践行"绿水青山就是金山银山"理念，尊重自然、顺应自然、保护自然，提高可持续发展意识，坚持节约优先、保护优先、自然恢复为主的基本方针，推动生态、生产、生活空间合理布局，以海洋生态环境高水平保护推动沿海经济绿色高质量发展。

陆海统筹，系统治理。坚持陆海统筹、河海联动、功能协调、环境质量标准衔接，强化源头至末端全链条治理，系统谋划陆海污染防治和生态保护修复的制度机制与目标任务，协同推进工程治理和政策实施。

问题导向，精准施策。聚焦重点区域，坚持问题导向，开展精准、科学、依法治理，实施"一湾一策"差异化管控，攻坚解决突出问题，推进"美丽海湾"保护与建设。

突出特色，先行示范。充分发挥国家生态文明试验区及海南自由贸易港政策优势，立足小岛屿大海洋的现实条件，坚持高质量发展、高水平保护，积极探索新时代海洋生态环境保护新理念、新模式、新路径。

公众参与，社会监督。动员、引导和推动社会公众参与海洋生态环境保护与治理工作。以开门问策和信息公开等方式，拓宽公众参与渠道，主动接受社会监督。

第三节　时限和范围

《海南省"十四五"海洋生态环境保护规划》(以下简称《规划》)范围涵盖海南省行政辖区全部海域,包括海南岛周边海域、海岛和三沙岛礁及其海域。重点规划范围为海南岛近岸海域,即海南岛海岸线至领海外部界线之间的海域,琼州海峡以广东省和海南省间海域行政区域界线为界。

《规划》时限为2021—2025年,以2020年为基准期。

第四节　目标和指标

展望2035年,海洋生态系统健康,满足人民对优美海洋生态环境的需求;陆海统筹保护发展实践区建成,海洋生态环境治理体系和治理能力基本实现现代化;全部海湾建成"水清滩净、鱼鸥翔集、人海和谐"的"美丽海湾";沿海地区绿色生产生活方式广泛形成,海洋生态环境质量和资源利用效率居于世界领先水平,"美丽海洋"建设目标基本实现,成为在国际上展示我国海洋领域、积极参与应对气候变化和海洋生态文明建设成果的亮丽名片。

锚定2035年远景目标,"十四五"时期我省海洋生态环境保护的主要目标为:

——**海洋环境质量持续稳定改善**。重点海湾水环境污染和岸滩、海漂垃圾污染得到有效解决,近岸海域环境质量持续稳定改善,全省近岸海域优良水质面积比例不低于99%,主要入海河流入海断面消除劣Ⅴ类。

——**海洋生态保护修复取得实效**。海洋生态破坏趋势根本遏制,重要海洋生态系统和生物多样性得到有效保护,海洋生态系统保持健康。海南岛自然岸线保有率不低于60%,岸线整治修复长度不少于70千米,滨海湿地生态修复面积不少于5 350公顷,其中,新增红树林湿地不少于1 700公顷,红树林修复面积不少于3 200公顷。

——**公众亲海需求得到满足**。亲海空间环境质量和服务品质明显改善,公众临海亲海的获得感、幸福感显著增强,"美丽海湾"保护与建设取得积极成效。全省建成"美丽海湾"的数量达到19个。

——**海洋生态环境治理能力不断提升**。海洋生态环境监管能力突出短板加快补齐,海洋突发环境事件应急响应能力显著提升,陆海统筹的生态环境治理制度不断健全,现代化海洋生态环境治理体系初步构建。

表1 海南省"十四五"海洋生态环境保护规划主要指标

序号	指标		指标类别	2020年现状值	2025年目标值	牵头部门
1	海洋环境质量	近岸海域优良（一、二类）水质面积比例（%）	约束性	99.88	≥99	生态环境厅
2		入海河流①入海断面劣Ⅴ类水质比例（%）	约束性	13.79	0	生态环境厅
3		海南岛自然岸线保有率（%）	约束性	62.72	>60	自然资源和规划厅
4		海岸线整治修复长度（千米）	预期性	—	≥70	自然资源和规划厅
5	海洋生态健康	滨海湿地生态修复面积②（公顷）	预期性	—	≥5 350	林业局 自然资源和规划厅
6		其中 红树林修复面积（公顷）	预期性	—	≥4 900	林业局
7		海草床生态系统修复面积③（公顷）	预期性	—	≥250	自然资源和规划厅 林业局
8		珊瑚礁生态系统保护修复面积④（公顷）	预期性	—	≥200	自然资源和规划厅 林业局
9		珍稀濒危生物（白蝶贝）种群数量⑤（个/平方米）	预期性	—	≥0.05	林业局
10	亲海环境品质	整治修复亲海岸滩长度（千米）	预期性	—	≥70	自然资源和规划厅
11		基本建成"美丽海湾"数量（个）	预期性	—	19	生态环境厅

注：① 指省级管控的26条入海河流以及3条国家海洋督察指出未达标的入海河流（亚龙溪、北水溪及佛罗河）。
② 指修复恢复滨海湿地的面积，包括红树林、海草床、珊瑚礁、沿海滩涂、河口等生态系统修复恢复的面积。
③ 指自然恢复和人工修复的面积，其中人工修复面积不低于5公顷。
④ 指新增保护及生态修复面积，其中人工修复面积不低于10公顷。
⑤ 指海南白蝶贝省级自然保护区内人工修复区内的白蝶贝种群数量。

第三章 强化空间管控，构建海洋生态环境系统保护新格局

第一节 完善海洋空间管控体系

加强陆海空间规划统筹。探索统筹陆海资源配置、产业布局的有效路径，以《海南省国土空间规划》《海南省海岸带保护与利用综合规划》为基础，完善陆海统筹的国土空

间规划体系。建立健全规划传导机制，建立国土空间规划监测评估预警管理体系。

加强海洋生态环境分区管控。 建立陆海统筹的自然生态空间用途管制制度，强化陆海协同的生态空间管控，以海岸线为轴，充分考虑河口区域，研究划定海陆衔接的空间管控单元，建立差别化管控措施。明确海洋功能区生态环境保护要求。落实"三线一单"生态环境分区管控要求，严格自然保护地、生态保护红线、海岸带、生态敏感脆弱区等特殊区域的用途管制。加强涉海建设项目环境准入把关，严格控制各类开发建设活动的范围和强度。

第二节　优化沿海海洋产业用海

优化海洋产业空间布局。 探索陆海统筹资源配置、产业布局的有效路径，以《海南省海洋经济发展"十四五"规划》为基础，科学评价资源环境承载能力及海洋空间开发适宜性，推进沿海各市县（区）海洋产业分工和陆海资源协调互动，实现空间布局与发展功能相统一、资源开发与环境保护相协调，优化近岸海域保护和开发布局。

推进节约集约用海。 严格落实资源使用价值评估制度，管控海域资源开发强度和规模，推进海域节约集约利用。科学管控建设用海空间，合理控制开发强度，探索混合产业用海供给。创新集中集约用海方式，引导海洋产业优化布局和集中适度规模开发，提高单位岸线和用海面积的投资强度。将海域海岛开发利用水平和生态保护要求纳入出让合同，提高用海用岛生态环境成本，提高占用自然岸线等对生态环境影响较大的海域使用金征收标准。

第三节　严格落实海域使用管控要求

严格实施围填海管控制度。 实施最严格的围填海管控制度，海洋生态保护红线区范围内全面禁止实施围填海。除国家重大战略项目外，全面停止新增围填海项目审批，切实扭转"向海索地"。

持续稳妥处理全省围填海历史遗留问题。 依法扎实推进海口市南海明珠人工岛、如意岛、葫芦岛，三亚市三亚湾凤凰岛二岛、红塘湾新机场，儋州市海花岛，万宁市日月湾人工岛，澄迈县盈滨半岛滨乐港湾度假区，文昌市南海度假村人工岛、东郊椰林湾人工岛等围填海项目整治，科学处理历史遗留问题。

严控海岸带及无居民海岛利用。 对海岸带生产、生活、生态空间布局进行优化，对海岸线实施分类保护与利用。严格保护自然岸线，对建设项目占用自然岸线实行"占用与修复平衡"制度。整治修复受损岸线，严控无居民海岛自然海岸线开发利用。加强无居民海岛保护和管理，已开发的要严格监管，严格管控新增无居民海岛开发利用。

第四章　实施精准治污，提升近岸海域环境质量

第一节　加强陆源入海污染治理

以河口、潟湖及海湾为重点，强化精准治污，分区分类实施陆源入海污染源头治理，加强海洋塑料垃圾防治，深入打好重点海域污染防治攻坚战，陆海统筹持续改善近岸海域环境质量，促进产业转型升级和绿色发展。

全面开展入海排污口排查整治。结合第二次全国污染源普查成果，组织开展入海排污口排查试点工作，编制排查技术指南，指导各沿海市县（区）全面开展入海排污口排查建档，按照"有口皆查、应查尽查"要求，摸清各类入海排污口的数量、分布、排放特征及责任主体等信息，建立入海排污口动态信息台账。建立入海排污口整治销号制度，因地制宜、分类施策，通过沿海生活污水截污纳管、禁养区海水养殖塘清退、连片聚集区养殖尾水统一排放口设置及雨污分流等，逐步"取缔一批、合并一批、规范一批"，有序推进入海排污口整治。2025 年年底前，完成近岸重点海湾入海排污口整治。

持续推进入海排污口规范化管理。按照"陆海统筹，以海定陆"的基本原则，管控向海洋排放污（废）水的各类排污口，根据受纳水体生态环境功能，倒逼排污口综合整治和陆源污染源治理，建立健全"受纳水体—入海排污口—排污通道—污染源"全过程监管体系。对照入海排污口清单和责任主体清单，明确排污口自行监测和定期监督性监测要求，掌握污染物排放状况。加强和规范入海排污口设置的备案管理，根据排污口类型、规模等，建立健全入海排污口的分类监管体系。2025 年年底前，基本建立入海排污口分类监管体系。

加强陆域海水养殖污染防治。落实水域滩涂养殖分区管控要求，依法清退禁养区内陆域海水养殖项目，严格限制限养区内养殖规模，规范养殖区内环境管理。严格陆域海水养殖项目环评准入机制，依法依规做好陆域海水养殖新改扩建项目环评审批和相关规划的环评审查，推动海水养殖环保设施建设与清洁生产。规范海水养殖尾水排放和生态环境监管，开展陆域海水养殖池塘聚集区和工厂化车间养殖尾水处理，推动养殖尾水循环利用或达标排放。加强养殖尾水监测，规范设置养殖尾水排放口，落实养殖尾水排放属地监管职责和生产者环保主体责任。加强养殖投入品管理，开展海水养殖用药的监督抽查，依法规范、限制使用抗生素等化学药品。推动应用池塘底泥转化为有机肥料技术，提高养殖池塘底泥资源化利用率。开展陆域海水养殖聚集区生态环境综合整治。2022 年年底前，完成禁养区内陆域海水养殖清退工作。2025 年年底前，海水养殖绿色发展格局

基本形成。

加强入海河流污染防治。对全省主要入海河流开展排查、监测，建立管理台账。持续开展入海河流消劣行动，加强珠溪河、文教河等长期不达标及罗带河、望楼河、文昌江等不能稳定达标入海河流综合治理。加强潟湖、内海（湾）等封闭半封闭海域入海河流污染防治，进一步削减总氮总磷等污染物排海量。2021年年底前，完成流域面积50平方千米以上入海河流的监测及建档，2024年年底前，珠溪河、亚龙溪、北水溪、佛罗河等入海河流入海断面消除劣V类，文教河、文昌江、北山溪、罗带河、东山河、望楼河等入海断面稳定达标。

加强沿海城乡环境治理。摸清沿海城镇污水管网分布及利用现状，建设信息化管理系统。持续推进沿海城镇污水处理设施及配套管网建设与提标改造，加快补齐生活污水收集和处理设施短板，提高污水收集和处理能力。2025年年底前，沿海城镇污水处理设施全覆盖，基本消除县级及以上城市建成区生活污水收集处理设施空白区。完善沿海农村环境基础设施，统筹推进沿海农村生活污水治理与厕所革命、黑臭水体治理、生活垃圾分类和资源化利用，农户小散畜禽养殖整治等工作和工程建设。2025年年底前，生活垃圾分类工作取得初步成效，生活污水治理率达到90%以上。

专栏1 陆源污染防控重点任务和工程

（一）入海排污口排查建档

组织开展入海排污口排查试点工作，编制排查技术指南，指导各沿海市县（区）全面开展入海排污口排查建档，摸清全省入海排污口数量及其分布、排放特征、责任主体等，建立入海排污口动态信息台账。

（二）陆域海水养殖污染防治

沿海市县（区）依据养殖水域滩涂规划修编成果，依法开展禁养区陆域海水养殖清退。加强陆域海水养殖池塘聚集区和工厂化车间养殖尾水处理设施建设，推动陆域海水养殖尾水达标排放或循环利用。

（三）入海河流环境综合整治工程

开展海口市秀英沟、海甸溪、龙昆沟、荣山河、潭览河、道孟河、福创溪，三亚市三亚河、藤桥河、宁远河、漳波河、盐灶河、冲会河、马岭沟、亚龙溪、大茅河，儋州市的北门江、春江、文青河、屈隆沟、光村水，文昌市珠溪河、文教河、文昌江、北山溪、北水溪，琼海市龙湾溪、竹山溪，万宁市东山河，陵水县港坡河，乐东县望楼河、佛罗河、抱套河，东方市罗带河、竹金沟、龙须沟及昌江县三联村河等流域生态环境综合治理。

第二节 加强海上污染分类防治

增强港口船舶污染防治能力。统筹规划并推进我省主要港口、码头防污设施及船舶污染物岸基接收、存储、处置设施的改造和建设。全面建立和实施船舶污染物转移处置联合监管制度,港口所在地政府统筹规划建设船舶污染物转移处置设施,并与城镇转移、处理或处置设施有效衔接,保障港口船舶污染物及时有效依法合规处置。加强对渔港生态环境的监管力度。2025 年年底前,全省商港、中心渔港和一级渔港制定并落实"一港一策"的污染防治措施,建立和推行船舶污染物接收、转运、处置监管联单制度。

推动渔船污染物储运和监管能力提升。完善渔船污染物储运设施,提升渔船污染物收集储存处理能力。探索建立渔船污染物产生、储运及接收全链条监管制度,加强渔船出海作业期间污染物监控。2025 年年底前,大中型渔船基本具备船舶污染物储存能力,形成渔船污染物储运监管制度。

加强海上养殖污染防治。加快推进网箱粪污残饵收集等环保设施设备升级改造,推进贝壳、网衣、浮球等海上养殖生产副产物及废弃物集中收置和资源化利用。整治近海筏式等养殖用泡沫浮球,推广新材料环保浮球,着力治理塑料污染,加强网箱网围拆除后的废弃物管理,恢复养殖水域生态环境。

强化海洋工程环境监管。严格落实海洋工程环评制度,强化海洋工程监管。加强海洋工程建设项目常态化监管,提升智能化监管水平。加强海洋工程污染防治,探索建立跨部门的海洋工程监管联动机制。

专栏 2 船舶港口污染防治重点任务

(一)渔港环境综合治理

对崖州渔港、泊潮渔港、清澜渔港、铺前渔港、潭门渔港、港北渔港、坡头渔港、黎安渔港、赤岭渔港、岭头渔港、莺歌海渔港、望楼港渔港、八所渔港、墩头渔港、昌化渔港、海尾渔港、新港渔港、新盈渔港、美夏渔港、黄龙渔港、抱才渔港等区域开展塑料垃圾治理、污水收集处理等环境综合整治,建设或完善渔港环保基础设施,建立健全环保制度,加强环保意识宣传。

(二)渔船污染物储运监管能力提升

以潭门中心渔港为试点,开展停靠渔船污染物储运设施和监管能力基本情况调研,开展渔船污染物储运配套设施建设,形成渔船污染物产生、储运及交付全链条监管制度。在潭门经验基础上,推动崖州、八所、新村、白马井及新盈等中心渔港停靠渔船污染物储运及监管能力提升。

第三节　加强海洋塑料垃圾治理

开展海洋塑料垃圾污染状况评估。开展海洋塑料垃圾污染现状调查。持续推进海洋垃圾监测，在现有重点海域海洋垃圾监测的基础上，扩大监测范围。根据调查和监测结果开展我省海洋塑料垃圾污染状况评估。

加强海洋垃圾治理。落实"海上环卫"制度，在海口市等海上环卫试点地区构建起完整的打捞、收集、处理体系，其他沿海市县（区）海上环卫工作全面启动，推进海洋垃圾清理、回收、转运装备和设施建设。2023 年年底前，沿海市县（区）基本建立"海上环卫"制度，"海上环卫"工作实现常态化、规范化管理，到 2025 年，重点区域海洋塑料垃圾污染得到明显改善。积极拓展海洋垃圾治理路径，推动实现岸滩和近岸海域海洋垃圾治理全覆盖。

严格岸滩和近岸海域垃圾源头管理。强化源头管控，压实地方政府主体责任，明确部门监管职责，强化垃圾收运、处置全过程监管；完善沿海村镇垃圾收集分类运转处理体系，加强垃圾堆放或暂存管理，避免暴风雨冲刷入海。加快生活垃圾处理设施建设，增强辖区垃圾处置能力，使垃圾产生量与处理量相匹配；加强对陆上垃圾运输车辆的巡查执法，对违法运输和倾倒垃圾行为从严从重处罚；建立预防与打击违法处理垃圾长效机制，加强统筹协调，共同推进整治工作常态化开展。推进三亚"无废城市"建设，及时总结其经验做法，开展塑料垃圾污染防治全过程管理模式示范，推动其他沿海城市开展"无塑"行动。

完善海洋垃圾污染社会治理体系。完善以政府为主导的"禁塑""海上环卫"及"无废城市"等海洋垃圾治理机制。推动开展社会公众净滩、净海及渔民参与的渔船打捞海洋垃圾等社会治理行动，广泛发动相关社会群体参与海洋垃圾的清除、治理和循环利用，制定激励性政策措施，形成长效机制，构建全民参与的海洋垃圾污染多元共治体系，建设"无塑海洋"海南示范区。

专栏 3　海洋垃圾污染防控重点任务

（一）海洋垃圾污染现状调查和评估

开展全省海洋垃圾污染状况调查，结合重点海域海洋垃圾监测结果，开展全省海洋垃圾污染状况评估。

（二）重点区域海洋塑料垃圾污染治理

开展养殖区和乡村所在岸滩、未开发岸滩及渔港码头等区域海洋垃圾的清理和常态化管控，重点开展海口市铺前湾和澄迈湾部分岸段，三亚市崖州湾部分岸段及中心渔港，儋州市光村银滩、沙井村海滩、海花岛、宜爸沟、叶榕海滩，文昌市木兰湾、淇水湾、冯家湾，琼海市椰林湾、东海村，万宁市山根、石梅湾，陵水县主要渔港，乐东县岭头渔村、莺歌海渔港及周边、龙栖湾，东方市北黎湾、大洛港湾，昌江县昌化港湾、棋子湾、双塘湾，临高县主要渔港，澄迈县澄迈湾、花场湾和马袅湾等区域海洋垃圾污染治理。

（三）推进社会治理行动

推动渔民参与的渔船打捞海洋垃圾治理行动，建设 2 个以上渔船打捞垃圾示范渔港，制定激励性政策措施，形成长效机制。

第四节　推进重点海域污染防治攻坚

健全重点海域排污总量控制和溯源追究制度。全面总结陵水新村重点海湾环境容量及排污总量控制研究工作经验，建立健全全省重点海湾排污总量控制制度。拓展入海污染物排放总量控制范围，做好总量控制制度与排污许可制度衔接。以海域保护目标和环境容量确定入海河流及排污口氮、磷等主要污染物控制要求，科学确定排放标准，倒逼区域提升防污治污力度和产业转型升级，减少入海污染物排放总量。2021 年年底前，海口市、三亚市、儋州市开展入海污染物总量控制试点。到 2025 年，沿海市县（区）全面实施重点海域排污总量控制。

推动重点海湾环境质量提升。选择海口湾、三亚湾、洋浦湾、铺前湾、后水湾等重点港湾实施综合治理，通过加大周边城镇生活污水处理厂和截污管网的建设，强化工业污染源、船舶污染及港湾养殖污染的防治和监管，加强港口环境污染事件应急处置能力建设，实施岸滩防护、生态修复工程，改善和恢复海洋生态环境。

加强主要河口环境综合治理。对万泉河、南渡江、三亚河和宁远河等主要入海河流河口区域实施生态环境综合治理，通过削减和控制入海污染物总量，加强各入海河流污染源的排污监控和监测，恢复河流自然生态功能，改善入海河流河口区域水环境质量状况。

加强潟湖生态环境综合治理。在东寨港、八门湾、小海、老爷海、新村湾、黎安港、铁炉港、新英湾、花场湾与边湾等重要潟湖实施综合治理，通过采取海水养殖、入海河流及其他污染源治理和生态系统保护修复等措施，减排扩容并举，改善潟湖生态环境。

第五节　推动新污染物治理

开展海洋微塑料试点监测、调查评估。开展海洋微塑料污染机理、风险评估及防控技术等研究。2021 年年底前，完成海洋微塑料试点监测和海洋微塑料污染状况调查，2023 年年底前，将海洋微塑料纳入常态化监测。

专栏4　重点海域污染防治攻坚重点任务和工程

（一）开展入海污染物总量控制示范

推进海口湾、三亚湾、新村湾及儋州湾总量控制试点示范；开展小海、老爷海、八门湾、东寨港、沙美内海、花场湾及边湾等潟湖海湾总量控制工作。

（二）潟湖生态环境综合治理

实施东寨港、八门湾、小海、老爷海、新村湾、黎安港、铁炉港、新英湾、花场湾和边湾等重要潟湖及周边海水养殖、入海河流、海洋垃圾污染治理和生态系统保护修复工程。

第五章　保护修复并举，确保海洋生态系统健康

第一节　开展海洋生物多样性和资源保护修复

开展海洋生物多样性本底调查。全面开展海洋生物多样性调查和评估，持续推进海洋生物多样性监测，摸清我省海洋生物多样性本底。推进重点海域生物多样性的长期监测监控，建立健全海洋生物多样性监测评估网络体系。

加强海洋珍稀物种保护。加强珊瑚、砗磲、海龟、白蝶贝、唐冠螺、鹦鹉螺、中华鲎、中华白海豚、苏眉鱼、儒艮、鲣鸟等珍稀物种及其栖息地保护，加强珍稀红树物种保护。统筹衔接陆海生态保护红线区、各类海洋保护地等，划定珍稀濒危哺乳类、鸟类等海洋生物多样性优先保护区，恢复适宜海洋生物迁徙、物种流通的生态廊道。对未纳入保护地体系的珍稀濒危海洋物种和关键海洋生态区开展抢救性保护。

加强海洋水产和渔业资源保护。开展麒麟菜等种质资源的保护修复。实施海洋生物养护工程，严格执行近海海域伏季休渔制度，加强管辖海域重要海洋生物"三场一通道"（繁殖场、索饵场、越冬场和洄游通道）及水产种质资源保护区的保护和修复。

专栏 5　海洋生物多样性和资源保护重点任务

（一）生物多样性调查评估

开展全省海洋生物多样性本底调查和评估。

（二）海洋珍稀生物保护

开展白蝶贝种群修复技术研究，通过人工修复和自然修复相结合的方式，开展白蝶贝资源和生境的修复恢复，对白蝶贝资源进行定期监测。开展中华鲎及其栖息地调查监测及保护宣教工程，推动中华鲎保护立法工作。加强对三亚市、乐东县等西南部海域的管控，保障中华白海豚的海洋生存环境；加强科学研究，对中华白海豚开展保育宣传工作、制订保护行动计划。

第二节　保护修复典型生态系统

加强珊瑚礁生态系统保护和修复。开展珊瑚礁本底调查。对文昌及琼海近岸海域、陵水白排岛、分界洲岛及赤岭近岸海域和东方鱼鳞洲等未纳入保护区范围的珊瑚礁进行严格保护。在三亚市、儋州市及文昌市等珊瑚礁生态系统受损区域和昌江县、陵水县及琼海市等珊瑚礁生态系统退化区域开展珊瑚礁生态修复，以自然恢复为主、人工修复为辅开展珊瑚修复工作，逐渐恢复珊瑚礁栖息环境。到 2025 年，现有重要的珊瑚礁生态系统得到保护和修复，恢复和扩大珊瑚礁面积，提高珊瑚礁保护率，珊瑚礁新增保护及修复面积不低于 200 公顷。

加强红树林生态系统保护和修复。开展红树林生态系统本底调查，建立红树林动态数据库及监测体系，开展常规监测并公布相关监测结果。对现有红树林实施全面保护，强化天然红树林保护，推进红树林自然保护地建设。逐步完成自然保护地内的养殖塘等开发性、生产性建设活动的清退，恢复红树林自然保护地生态功能。实施红树林生态修复，在适宜恢复区域营造红树林，在退化区域实施抚育和提质改造，扩大红树林面积，提升红树林生态系统的质量和功能。到 2025 年，营造和修复红树林面积不低于 4 900 公顷，其中，营造红树林面积不低于 1 700 公顷，修复现有红树林面积不低于 3 200 公顷。

加强海草床生态系统保护和修复。持续推进高隆湾、长圮港、龙湾、新村湾及黎安港等东海岸海草床生态监控区监测。开展海口东寨港、三亚铁炉港、澄迈花场湾等其他海草床分布区生态系统本底调查。实施重点区域海草床生态系统修复工程，开展海草床培育，恢复海草盖度，并进行修复评估。到 2025 年，海草床修复面积不低于

250 公顷。

加强大型海藻场保护和修复。开展大型海藻场资源调查。在麒麟菜自然保护区及其周边海域开展麒麟菜生境保护修复工程，提高麒麟菜覆盖度。

第三节 保护修复自然岸线

严格管控岸线开发。对岸线资源进行统一规划，按照自然属性及功能类型对岸线实施分段分类精细化管控。全面加强自然岸线保护，坚守自然岸线保有率底线，建立自然岸线台账，定期开展海岸线统计调查。将自然岸线保有率要求分解至沿海市县（区），列入地方政府政绩考核体系。坚持节约优先，提高岸线利用效率，提高海域使用项目占用海岸线的门槛。严格限制建设项目占用自然岸线，确需占用自然岸线的建设项目应严格进行论证和审批。完善海岸建筑退缩线制度，保护自然岸线和原生滩涂湿地，通过退养还滩、退围还海、拆除人工构筑物等方式，恢复自然岸线。至 2025 年，海南岛自然岸线保有率不低于 60%。

常态监管破坏砂质岸线行为。开展砂质岸线常态化监管，及时发现、制止和查处违规占用砂质岸线行为；开展全省违规占用砂质岸线现状排查，制定分类处置方案，依法依规对占用砂质岸线设施进行分类处置。

严控沿岸海砂及入海河流河砂的开采。严禁岸滩采砂，严控沿岸海砂和入海河流河砂的开采规模及强度，严厉打击非法采砂活动，避免破坏沿岸、河流泥沙补给及沿岸沙滩发育，防止岸线侵蚀。

修复退化砂质岸线。加强海岸侵蚀监测。在退化砂质岸段，实施岸滩防护、生态修复及人工补砂等保护、整治和修复工程。严格保护沿海防护林，开展沿海防护林建设。到 2025 年，岸线整治修复长度不低于 70 千米。

专栏6 典型海洋生态系统及自然岸线保护修复重点任务与工程

（一）珊瑚礁生态系统保护修复

开展海南岛珊瑚礁本底调查。开展对文昌及琼海近岸海域，陵水县白排岛、分界洲岛及赤岭近岸海域和东方市鱼鳞洲等未纳入保护区范围的珊瑚礁及其生境的保护。在三亚市亚龙湾东排岛及西排岛、崖州湾东锣岛、红塘湾机场、三亚湾西岛、海棠湾后海和蜈支洲岛等附近海域，儋州市海花岛附近海域，海南麒麟菜省级自然保护区，昌江县棋子湾及马荣—海尾海域，陵水县分界洲岛等区域开展珊瑚礁生态系统修复。

（二）红树林生态系统保护修复

建立全省红树林资源动态数据库及监测体系，开展监测调查评估和数据库建设。在海口市东寨港，文昌市铺前湾、八门湾，儋州市新英湾、后水湾及峨蔓等红树林潜在修复区域及现状红树林分布区域营造修复红树林，扩大红树林湿地面积，提升红树林生态系统质量和功能。

（三）海草床生态系统保护修复

开展海南岛近岸海域海草床分布及生态系统本底调查。加强海草特别保护区监督管理。以自然为主、人工为辅，实施海南麒麟菜省级自然保护区，万宁市小海、陵水县新村湾、黎安港，三亚市三亚湾西岛、崖州湾东锣岛、海棠湾后海海域，儋州市海花岛海域及澄迈县花场湾海草床生态系统修复工程。

（四）重要砂质岸线保护修复工程

开展全省砂质岸线常态化监测和监管。通过建设海岸防潮减灾生态岸堤、营造沿海防护林带及人工补砂等措施在海口市海口湾西岸段，三亚市三亚湾西段、亚龙湾西段及榆林湾大东海西侧，儋州市海头—洋浦岸段，乐东县龙沐湾丰塘村岸段、莺歌海渔港南端及龙栖湾老高园岸段，东方市感恩河口、北黎河口及通天河口，昌江县昌化港湾小角岸段、棋子湾进董村岸段及双塘湾珠碧江河口，万宁市春园湾及日月湾，琼海市博鳌印象及东海村岸段，文昌市抱虎角—铜鼓角及冯家湾岸段开展保护、整治和修复工程。

第四节　加强海岛保护修复

提升海岛管理实效。 开展海岛开发利用情况调查，完善海岛保护名录，建立健全分区域、分类型、分功能的差异化海岛管理体系，优化有居民海岛的开发活动，严格限制无居民海岛的开发利用，加强海岛生态系统保护。

保护和修复重要岛屿。 开展重要岛屿生态系统本底调查。持续推进大洲岛等海岛的环境整治，保护修复海岛典型生态系统和物种多样性。持续保护七洲列岛、双帆、东洲、西鼓岛、双帆石和大洲岛等国家领海基点岛屿及周边海域形态的完整，禁止在领海基点保护范围内进行工程建设以及其他可能改变该区地形、地貌的活动。

第五节　加强海洋生态保护修复监管

加强典型海洋生态系统常态化监测监控。 对海湾、潟湖、红树林、珊瑚礁、海草床等典型海洋生态系统状况开展监测，加快构建海洋生态监测监控网络。对各类重要海洋生态功能区、关键海洋物种分布区等开展常态化监管，加强国家重要湿地名录中的滨海湿地专项监管。定期评估重点区域海洋生态系统质量和稳定性，探索开展气候变化对海洋生态系统的影响和风险评估。2025 年年底前，纳入常态化监控的典型海洋生态系统达 3 个以上，覆盖我省主要海洋生态系统类型。

加强海洋自然保护地建设和监管。加强海洋自然保护地建设和管理，完善海洋自然保护地体系。扎实推进海南麒麟菜、临高白蝶贝、三亚珊瑚礁、澄迈花场湾红树林等自然保护区生态破坏及管理不到位等问题的整治工作。充分考虑自然生态系统完整性和连通性，整合扩展海洋自然保护地，将生态功能重要而生态系统脆弱、自然生态保护空缺的区域，纳入自然保护地体系。持续开展"绿盾"自然保护地强化监督工作，积极推进海洋自然保护地生态环境监测，定期开展国家级海洋自然保护地生态环境保护成效评估。2025 年年底前，完成我省国家级海洋自然保护地的专项监督检查。

加强海洋生态修复监管和成效评估。建立海洋生态修复监管和成效评估制度，加快制定覆盖重点项目、重大工程和重点海域，以及贯穿问题识别、方案制定、过程管控、成效评估等有关配套措施及标准规范。加强对海洋生态修复工程项目的分类监管和成效评估，扎实推进中央和地方生态环保及海洋督察查处的海洋生态破坏区整治修复，严格查处以生态修复之名行生态破坏之实的项目和行为。加强对沿海市县（区）政府、各有关部门和责任单位等海洋生态修复履职情况的监督。2025 年年底前，海洋生态修复监管和成效评估制度基本建立并常态化实施。

第六章　夯实应急能力，防范环境风险及自然灾害

第一节　加强海洋环境风险防范

加强海洋环境风险分区管控。全面排查辖区内溢油、危化品泄漏等安全生产隐患和重点目标区域，摸清涉海环境风险源基础信息，明确重点监管对象和高风险区分布。开展海洋突发环境事件风险评估工作，建立重点安全生产风险清单。2023 年年底前，组织开展港口码头、沿海工业园区及重点涉海企业环境风险源风险排查，完成风险源排查及清单编制及风险区划。

健全风险预警防控与监管体系。加强沿海石化、危化品码头，海上船舶，核电等重点领域风险源的事前监管和海上溢油、危险化学品泄漏等重大环境风险防控，加强污染物泄漏预警预报设施建设。定期开展重点环境风险源专项执法检查。加强重点区域风险监视监控和风险防控能力建设。建立健全海洋突发环境事件联防联控制度。2025 年年底前，建成全省海洋环境风险动态监管平台和监视监测系统。

第二节　加强海洋突发环境事件应急响应

健全海洋突发环境事件应急体系。建立健全省级—市县—涉海企事业单位的海洋突发环境事件应急响应体系，将企业应急力量纳入全省应急力量统一调配体系。建立完善政府主导、企业参与、多方联动的应急协调机制，强化应急信息共享、资源共建共用。加强市县（区）政府对第三方清污公司、港口等企业应急资源的统筹协调。健全完善海洋突发环境事件的应急响应预案及备案制度，开展风险区常态化监督检查，定期组织开展海洋突发环境事件应急演练。制定并落实省市县（区）两级《防治船舶及其作业活动污染海洋环境应急能力建设规划》，加强港口船舶溢油、危化品泄漏等海洋突发环境事件应急体系建设。2022 年年底前，编制或完善沿海市县（区）海洋突发环境事件应急预案。2023 年年底前，基本形成省级和沿海市县（区）、政府和企业协调联动、责权分明的海洋环境突发事件应急响应机制。

加强海洋突发环境事件应急能力建设。建设海南省应急管理综合应用平台，强化海洋突发环境事件应急响应信息管理。加强省级及沿海市县（区）人才队伍、实验室、应急船舶、应急装备、物资保障、应急场地、接收处理等应急监测和应急处置能力建设。建立海洋环境应急专职和兼职队伍，丰富专家库。开展海洋应急人员定期培训和应急设备库定期维护，系统提高海洋应急队伍专业水平、保障应急物资设备质量。加大海口、洋浦、三亚、清澜、八所等重点港口应急设备及应急物资储备，形成覆盖重点海域的快速响应和应急监测能力。

第三节　提升海洋自然灾害防范和处置能力

扎实推进风暴潮等自然灾害风险防范。推进海洋灾害风险普查，摸清全省风险隐患底数和重点区域的抗灾能力和薄弱环节。开展海洋灾害重点隐患调查与评估、海洋灾害风险区划，实施重大风险防控规划。建立健全风暴潮、海浪、海啸等的观测、预警预报和风险防范等防灾减灾体系，提高多灾种和灾害链综合监测、风险早期识别和预警预报能力。加快推进"智慧应急"平台建设，汇总集成各类应急资源，构建"应急智慧大脑"，实现对各类风险隐患精准识别和治理，对各类突发事件快速响应、精准救援，提升应急管理信息化水平。推动建设海岸带生态保护修复与减灾协同增效的综合防护体系。

强化海洋生态灾害预警监测和防治。开展赤潮、绿潮、水母旺发等海洋生态灾害爆发机理研究，提升赤潮、绿潮等生态灾害预警能力。完善海洋生态预警监测业务体系，实施海洋生态预警监测，针对赤潮高风险区开展早期预警监测，加强绿潮监测。针对绿潮、赤潮等灾害及时发布预警信息并启动应急响应。针对水母、毛虾、藤壶、马尾藻、长棘海星等局地性生物暴发，实施重点区域、重点时段监视监测，建立健全新型生物暴发事件的应急处置体系。建立省级政府—市（县）级政府—企业联动的海洋生态灾害监测预警机制，开展海洋生态灾害风险评估，制定致灾生物暴发等灾害应急预案。2023 年年底前，进一步完善生态灾害早期预警和应急体系，基本构建完成分工明确、协调联动的合作机制。

第四节 加强外来物种入侵防范

防控船舶压载水外来生物入侵。开展船舶压载水外来物种入侵风险评估。加强船舶压载水处理技术研发和基础设施建设。推进相关法律法规体系的完善。加强预防预警、检测监测等基础监管能力建设。对船舶压载水进行严格管控，减少有害水生物和病原体传播，抵御外来生物入侵，构建压载水外来生物入侵防范体系。

加强种质资源引进生物安全管理。健全生物安全保障制度和管理体系，加强生物安全科技支撑。加强海水养殖业动植物种质资源引进生物安全管理。加强水产品冷链疫病监测监管处置能力。

加强外来物种管控。开展海洋外来物种及入侵状况普查，建立外来物种防治基础信息系统。严格监管海洋资源及生态修复涉及的外来物种或其他非本地物种。对养殖或引进培育外来物种或其他非本地物种的项目，应当采取防逃逸措施防止其进入开放滩涂和水域。加强拉关木等外来红树林物种的管控，推进互花米草清除。

专栏 7 生态环境风险防控和应急响应能力提升重点任务

（一）环境风险防控和应急能力提升

组织开展港口码头、沿海工业园区及重点涉海企业环境风险源专项执法检查和风险排查，完成清单编制及风险区划；建设海洋环境风险动态管控平台和监视监测系统，建设省级海洋突发环境事件预警管理与应急响应决策综合平台，强化应急物资和应急能力储备。完善沿海市县（区）海洋突发环境事件应急预案及备案。

（二）海洋灾害风险防范

开展海岸防护工程、渔船渔港、海水养殖区、滨海旅游区等主要承灾体致灾调查评估和风险区划，完善海洋灾害承灾体风险预警体系。加强海洋观测设施等基础能力建设和管护，保障观测系统和数据传输系统正常运行。聚焦基层群众海洋灾害防御等薄弱环节，优化海洋灾害风险预警技术方法和业务流程，扩大风险预警服务范围，开展海洋减灾示范社区创建，提升基层海洋灾害防御能力。

（三）生态灾害应急能力建设

调查昌江核电冷源区等重点海域海洋生物种类、数量，研究海藻、水母、藤壶等致灾生物暴发原因及对周边海域环境的影响，提出针对性防治措施，提高昌江核电冷源安全的潜在风险防范能力。

（四）防范船舶压载水外来物种入侵

推动船舶压载水处理、预防预警、检测监测等技术研发及体系构建，加强国际航线船舶相应基础设施建设，加强洋浦港等开放国际航线港口的压载水外来生物入侵监管能力建设。

第七章　坚持系统治理，扎实推进"美丽海湾"保护与建设

以海湾为基础管理单元，系统谋划、示范先行、分类、分批推进"水清滩净、鱼鸥翔集、人海和谐"的"美丽海湾"保护与建设，全面带动和促进我省海洋生态环境质量持续改善。

第一节　建立健全"美丽海湾"保护与建设体系

构建"美丽海湾"保护与建设管理体系。 根据我省实际，对标国内外先进地区，分区分类分功能研究构建"美丽海湾"保护和建设评价标准、方法规范等技术体系，建立"美丽海湾"规划、建设、监管、评估、宣传等管理制度。加强面向 2035 年的"美丽海湾"保护与建设中长期战略和实施路径研究。建立"美丽海湾"评估考核和奖励激励机制，实施周期性动态评估。

建立"美丽海湾"保护与建设资金投入机制。 统筹推进"美丽海湾"保护与建设专项资金的设立，逐步落实经费。厘清"美丽海湾"保护与建设和"蓝色海湾"综合整治之间的关系，以经费为纽带，以成果为导向，探索共享共建机制。建立健全政府和社会多方协同的长效投入机制。

第二节　开展"美丽海湾"试点示范

提升公众亲海品质。 以城市周边海湾或旅游热点区域为重点，加强砂质岸滩和亲海岸线整治与修复，因地制宜拓展生态化亲海岸滩岸线。全面排查整治海水浴场、滨海旅游度假区周边入海污染源，严格管控亲海空间内污染排放。实施岸滩和海漂垃圾常态化

治理,打造"无废"海滩。保护和提升生态、人文景观,适度开发休闲渔业、海上垂钓、海岛观光、民俗文化风情体验、海洋特色文化等多元化的亲海活动。建立健全拓展公众亲海空间和内容,提升公众亲海环境质量的长效投入机制,不断提升公众临海亲海的获得感和幸福感。

增强绿色发展新动能。以生态环境资源禀赋独特的海湾或湾区为重点,针对生态环境保护突出问题及特色产业绿色发展的瓶颈,科学精准、系统整体施策,构建海湾生态环境治理和产业绿色发展协同的技术体系和管理体系。开展生态环境承载能力评估。加强生态环境保护基础设施建设,推动环境综合整治和生态系统保护修复,持续改善生态环境质量、持续提升生态功能。优化产业布局和结构,加快新旧动能转换,推动产业绿色转型。加快探索以生态优先、绿色发展为导向的高水平保护和高质量发展路径。

建设"美丽海湾"先行示范区。着力推进试点示范,率先围绕榆林湾小东海岸段、海棠湾、石梅湾及香水湾等区域建设"美丽海湾"先行区,推动铺前湾、小海、新村湾等开展"美丽海湾"保护与建设难点问题解决试点示范。定期开展沿海市县"美丽海湾"保护与建设经验交流,总结形成可复制可推广的经验。定期开展全省"美丽海湾"优秀案例征集活动,发挥示范带动作用。

第三节 全面构建"美丽海湾"保护与建设系统治理格局

全面推行"湾长制"。以海湾(岸段)为基础单元,坚持党政同责、上下联动、协同共治,建立省、地级市、县(区)、乡镇(街道)四级湾长体系。构建由湾长担负海洋管理保护主体责任,各成员单位各司其职、各负其责,又协同作战的体制机制。细化落实海湾生态环境保护监管责任分工,常态化开展海湾生态环境巡查监管,推进形成"问题摸查——整改落实——社会监督——考核督导"等多方联动、顺畅高效的综合监管机制。到2021年年底,全省(除三沙市外)初步建立湾长制责任体系和工作机制,到2022年年底,责任明确、协调有序、监管严格、保护有力的海湾生态环境保护长效机制基本成熟定型,近岸海域生态环境质量保持稳定并有改善。到2025年,海湾突出生态环境问题整治工作基本完成。全省海洋生态环境质量稳居全国领先水平,海洋生态环境治理体系和治理能力现代化建设走在全国前列,建成一批水清滩净、鱼鸥翔集、人海和谐的"美丽海湾"。

全面构建"美丽海湾"保护与建设系统治理格局。以自然海湾或自然生态联系紧密的重要区段为基础管理单元,根据区域自然生态禀赋和开发利用情况,开展生态环境质量及风险隐患等现状调查评估。以整体美丽为目标,识别突出问题,找出缺项的不足,编制保护与建设方案。以突出问题为导向,"一湾一策"精准实施海湾环境污染治理、生态保护修复、亲海品质提升等重点任务和重大工程。按照保护、治理与监管并重原则,分类梯次推进"美丽海湾"保护与建设。鼓励以"美丽海湾"为载体，申报"绿水青山就是金山银山"实践创新基地和国家生态文明建设示范市县。

专栏8 "美丽海湾"保护与建设重点任务

（一）建立健全"美丽海湾"保护与建设体系

建立"美丽海湾"保护与建设技术体系、管理制度及评估考核和奖励激励机制。

（二）全面推行"湾长制"

以海湾（岸段）为基本单元，建立健全多方联动、顺畅高效的"湾长制"，深入推进海湾生态环境综合监管：一是建立重点海湾突出问题整改责任机制，定期梳理重点海湾生态环境突出问题，制定整改任务和责任清单，促进各级各部门及时发现问题、有序开展整改、确保整改实效。二是畅通帮扶协作机制，各级湾长、各相关部门强化沟通对接、信息共享、资源整合，开展对情况复杂、问题突出海湾的重点帮扶，对跨市县海湾建立协调联动机制。三是完善社会监督机制，在海湾显著位置设立公示牌，通过主流媒体、政府门户网站向社会公布湾长信息和海湾监测、考核结果，开展社会满意度调查，对问题进行通报曝光。

（三）开展"美丽海湾"保护与建设

按照"水清滩净、鱼鸥翔集、人海和谐"的总体要求和分类分区、因地制宜的基本原则，开展基础状况调查及编制"一湾一策"方案，有序推进"美丽海湾"的保护与建设，提升海湾生态环境质量、生态功能和发展质量。2025年年底前，建成铺前湾、三亚湾、海棠湾、亚龙湾、榆林湾、后水湾、峨蔓—鱼骨河、木兰湾、博鳌港湾（含沙美内海）、石梅湾、小海、香水湾、新村湾、龙沐湾、感城港湾、北黎湾、棋子湾、博铺港湾、花场湾等19个"美丽海湾"，对拟在"十五五"及"十六五"建成的海湾开展提升和整治行动。

第八章 强化协同增效，推动海洋碳汇助力碳中和

建立健全海洋碳汇发展政策体系和工作机制，构建科学与政策研究平台。明确碳汇本底与增汇潜力，探索增汇路径，实施增汇工程。积极开展试点示范，初步形成海洋生态产品价值实现机制。

第一节 建立海洋应对气候变化工作体制机制

构建海洋碳汇发展科技支撑平台。依托国家生态文明试验区（海南）研究中心，联

合国内外海洋碳汇研究机构和团队，建设海南国际蓝碳研究中心，打造一个智库平台，在此基础上建设数据库，推进观测网络和标准体系的构建。

开展海洋碳汇试点示范。以现代化海洋牧场建设，海口东寨港红树林、陵水新村湾与黎安港海草床、文昌与琼海麒麟菜等增汇工程，以及小海、老爷海等生态治理修复工程为重点，分区域、分类型推动海洋碳汇试点示范项目，统筹应对气候变化与海洋生态环境保护。持续推动海口市海洋碳汇试点工作，将海口市打造成全国乃至全球具有影响力的海洋碳汇示范区。推动三亚市海洋碳汇试点工作。

构建海洋碳汇生态价值实现的市场机制。研究建立符合海南自由贸易港发展和国际国内交易规则的海洋碳汇交易制度，结合生态补偿、碳普惠等机制，开展海洋碳汇交易试点。探索建立海洋碳汇投融资标准规范，鼓励银行、基金、保险机构发展海洋碳汇领域的绿色金融及其衍生品，为海洋碳汇增汇工程建设与海洋科技创新提供资金保障。

第二节　加强海洋应对气候变化监测与评估

推进海岸带碳储量调查与评估。开展红树林、海草床等典型海洋碳汇生态系统碳储量监测与评估，定期形成海洋碳汇调查评估报告。建立全省海洋碳汇资源基础数据库，掌握我省海洋碳储量与海洋碳汇量的现状、变化与潜力。推进大型海藻、珊瑚礁生态系统及渔业等碳汇机制研究。2025 年年底前，编制完成《海南省典型海岸带生态系统海洋碳汇评估报告》，为碳达峰与碳中和提供海洋领域的基础数据。

开展近海碳通量监测与评估。组织海洋与大气二氧化碳交换通量观测，开展重点海域碳储量现场监测与评估，深化近海碳源汇格局和调控机理研究，探索开展我省管辖海域的固碳潜力评估。

第三节　推动海洋生态系统减排增汇

建设海岸带生态系统增汇工程。根据不同区域的海洋碳汇发展条件，有序推进增汇工程建设。以海口东寨港红树林、陵水新村与黎安港海草床、文昌与琼海麒麟菜等增汇工程，以及小海、老爷海等的生态治理修复工程为重点，持续强化陆海一体化的海岸带及红树林、海草床等滨海湿地生态系统保护与修复，探索区域海洋碳汇交易试点示范。

开展渔业碳汇提升试点示范。在文昌市冯家湾、东方市感城、万宁市和乐等养殖园区构建多层次立体养殖模式，探索水产养殖减排增汇机制。以海口市东海岸、儋州市峨蔓、临高县头洋湾、文昌市冯家湾、万宁市洲仔岛、三亚市蜈支洲等海洋牧场示范区为试点，开展渔业碳汇实践。

探索开展海洋负排放生态示范工程。建立生态环境保护与增加碳汇双重标准下的"可监测、可报告、可核查"的指标体系和核算体系，制定实施海洋负排放的路线图。探索构建我国海洋地质地层的碳封存容量、场地选址和项目可行性的评估体系。

专栏9 海洋碳汇发展重点任务与工程

（一）海洋碳汇发展科技支撑平台

依托国家生态文明试验区（海南）研究中心，建设海南国际蓝碳研究中心，构建海洋碳汇大数据监管和服务平台，推进综合立体观测网络和标准体系建设。

（二）海洋生态系统碳汇调查、监测与评估

开展海洋生态系统碳汇本底调查；开展红树林、海草床等典型海洋碳汇生态系统碳储量监测，建立全省海洋碳汇资源基础数据库，定期形成海洋碳汇调查评估报告。

（三）海岸带生态系统增汇工程

在海口市东寨港、陵水县新村湾与黎安港、海南麒麟菜省级自然保护区及万宁市小海等区域建设海岸带生态系统增汇工程。

第九章　坚持制度创新，构建现代化海洋生态环境治理体系

围绕海南自由贸易港及国家生态文明试验区建设，立足我省海洋生态环境现状和现行海洋管理体制机制存在的问题，健全完善地方性海洋生态环境保护法规标准和责任体系，推进陆海统筹的生态环境政策体系和治理制度建设，加强海洋生态环境监管能力建设，强化科技支撑，促进利益相关者积极参与海洋生态环境治理，加强区域合作，持续推进海洋生态环境治理体系和治理能力现代化。

第一节　健全海洋生态环境保护监管制度

完善海洋生态环境保护责任体系。健全环境治理及评估考核督察等领导责任体系，压实海洋生态环境保护"党政同责、一岗双责"，制定实施海洋生态环境保护责任清单；常态化开展领导干部自然资源资产离任审计。健全企业责任体系，明确企业海洋生态环境保护管理要求，执行排污单位自行监测制度，推动企业环境治理信息公开，实施环境信用评价制度。对核电、油气等重大用海项目，明确用海企业监测主体责任，按照"谁审批谁监管"原则做好监管。健全全民行动体系，畅通群众诉求表达、利益协调、权益

保障渠道，鼓励新闻媒体对各类破坏海洋生态环境的问题和违法行为进行曝光，鼓励社会组织参与海洋生态环境保护和治理。2022年年底前，党委领导、政府主导、企业主体、公众参与的海洋生态环境保护责任体系基本形成。

健全海洋生态环境治理制度。健全海洋生态环境损害赔偿制度，探索制定海洋生态环境损害赔偿的相关法规制度，加强生态环境修复与损害赔偿的执行和监督，完善生态环境损害行政执法与司法衔接机制，完善海洋生态环境公益诉讼法规体系。建立健全溢油、危化品泄漏等突发事件对海洋生态环境损害的鉴定评估方法、标准体系和实施机制，完善相应的配套文件。建立健全海洋生态保护补偿制度，编制区域海洋生态产品清单，开展海洋生态系统价值核算，明确区域内生态产品价值。完善全民所有海洋自然资源资产评估方法和管理制度，加快海洋生态产品价值实现的理论研究和试点示范。制定海洋生态保护补偿实施方案，完善补偿机制，支持建设基于生态环境系统性保护修复的生态产品价值实现工程，健全利益分配和风险分担机制。推进"三线一单"、排污许可等在海洋生态环境保护与治理中的应用。

健全海洋生态环境保护综合协调机制。强化"湾长制"与"河长制"衔接，构建"流域—河口—海域"协同一体的系统保护和污染防治联动机制。明确细化省级与地方、部门与部门、相邻市县（区）之间的事权划分，落实沿海市县（区）党委政府的主体责任和行业主管部门的常态化监管责任，健全"陆海统筹、区域联动、纵横协同"的综合协调机制。

健全海洋生态环境保护执法机制。健全生态环境部门与渔监、海警、海事等多部门联合执法机制，明确职责分工，建立线索通报反馈和信息共享机制。建立执法事项目录，制定执法履职要求和评估办法，严格执法责任。深化"双随机、一公开"制度，建立实施监督执法正面清单制度，完善区域交叉检查和专案查办制度，优化执法方式。强化执法与监测联动，强化执法与司法衔接，建立健全生态环境部门、公安机关、检察机关、审判机关联席会议制度，完善信息共享、案情通报、证据衔接、案件移送等机制。按照"谁执法、谁公示，谁执法、谁普法"的原则，推行行政执法公示，开展普法宣教活动，增强各类主体守法及用法律捍卫自身权利的意识。

健全海洋生态环境督察整改机制。贯彻落实中央生态环境保护督察与国家海洋专项督察反馈问题整改，健全海洋生态环境突出问题督察整改调度、盯办、督办机制，压实沿海市县（区）及部门整改责任，推动海洋生态环境问题解决、海洋环境质量改善。持续开展督察整改"回头看"，强化重点涉海产业项目、重点海湾、典型海洋生境等的监测巡查。加强省级生态环境保护督察，将沿海各级政府、有关行业部门、涉海企事业单位等的海洋生态环境保护责任落实情况纳入省级督察范畴。持续推进例行督察，加强专项督察。完善整改项目验收、销号制度。

第二节　完善海洋生态环境保护法规标准体系

健全海洋生态环境保护法规体系。加快推进《海南省海洋环境保护规定》修订，积极开展海洋生态环境保护的地方立法实践。推动防治船舶污染海洋环境等相关管理规定的制定。针对海水养殖、渔港码头等海洋生态环境管理短板，加快制定水产养殖建设项目环境保护管理相关规定及养殖尾水排放口设置的指导意见，严格落实环境影响评价制度，全面规范水产养殖项目的环境管理；研究制定我省渔港生态环境管理相关规定，加快渔港码头环保设施及管理制度建设，分类分级规范渔港码头生产作业行为。

完善海洋生态环境保护标准体系。充分协调产业发展与环境保护，立足地方实际，建立健全海洋生态环境保护标准体系。研究出台陆海衔接的监测技术规范和评价标准。研究制定海南省海水养殖尾水排放标准、入海排污口排查技术规范及规范化设置技术指南等，研究制定海洋生态修复及成效评估等方面的标准和规范。

第三节　提升海洋生态环境保护基础能力

推进海洋生态环境监管能力建设。加强各级海洋生态环境监测能力建设，完善监测人员和监测设施设备配置，定期开展海洋环境监测技术培训。完善海洋生态环境质量监测网络，推进自动监测。拓展海洋垃圾、海洋微塑料、海洋酸化、海洋温室气体、海洋放射性及新型持久性有机污染等监测范围或领域。加强沿海市县（区）海洋生态环境保护管理能力建设，加强省对市县（区）海洋生态环境保护管理的帮扶指导，拓宽市县（区）管理人员学习锻炼渠道。

推进海洋生态环境保护执法能力建设。加快补齐沿海市县（区）海洋生态破坏、海洋环境污染等领域执法能力短板，扩大海上执法队伍，配备无人机、船只等海上执法基础装备，提高执法取证技术手段及监测和信息传输能力。加强海洋环境执法业务培训，提升队伍专业化水平。

加强"湾长制"智慧监管能力建设。完善"湾长制"重点海湾监测网络布局，综合应用遥感监测、定点连续监测、现场快速监测等先进技术，以及"互联网+"、大数据、云计算、智能化等科技手段，建设智慧管理平台，实现对重点海湾生态环境质量状况、各类人为开发活动状况等的精细化监视监测和智慧化监管，推进海湾生态环境监管和公共服务能力整体提升。

第四节　强化海洋生态环境基础调查和科技支撑

开展海洋生态环境基础状况调查。开展全省海洋生态本底调查,全面摸清珊瑚礁、海草床、红树林、河口、海湾(潟湖)等典型海洋生态系统家底。开展全省海洋污染基线调查,系统掌握新时期我省管辖海域污染"零点"资料,及时掌握微塑料、持久性有机污染物、环境内分泌干扰物、抗生素等新污染物在海洋环境中的分布状况及环境风险,科学识别全局性、关键性海洋生态环境突出问题和热点海域,为深入打好重点海域污染防治攻坚战、扎实推进"美丽海湾"保护与建设等提供基础数据和决策依据。2025 年年底前,基本完成全省海洋生态本底调查和海洋污染基线调查。

加强海洋生态环境保护科技创新平台建设。引进国内外海洋类创新型研发机构落户海南,推动建设国家级、省部级重点实验室、工程中心、技术中心、技术研究院等创新载体。加强我省涉海高校海洋生态、海洋环境学科建设,推动科研院所设立建设海洋生态环境保护领域的研究中心和野外观测台站等研究平台与网络,加快推进海洋生态环境领域高水平专业人才培养与引进。构建综合性海洋科技成果转化服务平台,促进海洋科技成果集聚落地和转化。积极推进科研院所、高校、企业科研力量优化配置和资源共享。

加强海洋生态环境保护科技攻关。积极开展重点海域污染源解析和总量控制、海水养殖污染治理等环境管理难题的研究。加强红树林、海草床、珊瑚礁等典型生态系统及海岸带、海岛、潟湖等典型生境的监测、保护与修复等关键技术研究。推进海洋灾害形成机理、监测和预报预警、风险防控、损害评估等关键技术研究。围绕海洋生态系统碳汇开发、海洋生态系统生产总值核算、海洋微塑料等新污染物风险评估等热点问题实施一批具有前瞻性、战略性的省级重大科技项目。发展智能化近海环境质量监测传感器和仪器系统,以及深远海动力环境长期、大范围连续观测重点仪器装备和空天信息技术。积极开展成果集成和示范应用。

第五节　积极参与全球海洋生态环境治理

引领"一带一路"及南海周边国家全球气候治理。以发展海洋碳汇为抓手,积极参与国际海洋碳汇标准体系建设,深入开展南海各国海洋碳汇交易研究,为海洋资源保护、海洋清洁能源开发、实现海洋可持续发展等活动提供市场机制支持;打造面向"一带一路"沿线国家的气候变化合作平台和碳交易服务平台,建设绿色丝绸之路,争取国际海洋碳汇市场的主导权与国际气候治理话语权,展现我省支持国家参与全球气候治理的政治担当。

为全球海洋环境治理贡献中国智慧。 积极探索在海洋塑料垃圾治理、生物多样性保护、气候变化等全球战略性新兴环境问题的合作研究，为推动构建海洋命运共同体提供中国示范、贡献中国智慧、提出中国方案。

专栏10　环境治理体系与治理能力提升重点任务

（一）海洋生态环境法规标准体系建设

修订《海南省海洋环境保护规定》，制定水产养殖建设项目环境保护管理规定、海南省渔港生态环境管理规定、海南省海水养殖尾水排放标准及入海排污口排查技术规范等。

（二）"湾长制"重点海湾智慧管理平台建设

完善海口市"湾长制"重点海湾监测网络布局，综合利用多种监测技术和科技手段，实现对重点海湾生态环境质量状况、各类人为开发活动状况等的精细化监视监测和智慧化监管。推动沿海市县（区）开展重点海湾智慧管理平台建设。

第十章　强化落地实施，健全保障机制

加强组织领导及部门协作，明确目标责任和考核机制，加大投入力度，强化宣传教育，确保规划顺利实施、目标圆满实现、各项任务全面完成。

第一节　加强组织实施

明确责任分工。 省相关职能部门和沿海市县（区）人民政府是实施本规划的主体。省级生态环境部门负责海洋生态环境保护工作的统一指导、协调和监督，并根据工作需要建立与相关部门的统筹协调机制，自然资源和规划、农业农村、住房和城乡建设、应急管理、林业、水务、海事、海警等相关部门根据职能定位细化落实相应的规划任务。省相关职能部门应加强沟通、密切配合，定期研究解决规划实施过程中遇到的重大问题，科学决策、精准施策，确保各项任务全面完成。

确保任务落实。 各沿海市县（区）应当把海洋生态环境保护规划目标、任务和重点工程纳入本地区生态环境保护规划及其他相关规划，同时结合地方实际，制定本区域海洋生态环境保护规划或海洋生态环境保护规划实施方案，进一步细化工作目标和重点任务，制定政策措施，明确责任分工，确保规划目标任务落实到位。

第二节　加强资金保障

省相关职能部门和沿海各市县人民政府要进一步明确海洋生态环境领域省、市县（区）财政事权和支出责任，加强资金统筹，完善财政资金投入机制，积极落实规划确定的各项重点任务和重大工程项目。完善政府引导、市场运作、社会参与的多元投入机制，吸引社会资本参与海洋生态环境保护和基础设施建设。

第三节　强化调度评估

推动建立"实施—调度—评估—考核"全链条管理体系，制定考核目标指标，完善考核办法，加强对规划实施情况的监督检查、跟踪分析和评估考核。省级生态环境部门会同各有关部门，对规划落实情况实施动态监管，重点对规划目标、主要任务及重点工程实施进展和海洋生态环境质量改善成效等进行阶段评估和终期考核，及时总结规划执行情况，形成可推广、可复制的经验。省生态环境厅会同相关部门在 2023 年和 2025 年分别对本规划执行情况进行中期评估和总结评估。

第四节　强化宣传引导和公众参与

强化规划及实施信息公开。充分利用新闻媒体进行宣传，做好典型案例的报道与经验推广。通过形式多样的宣传，增强公众对规划的认知、认可和认同。搭建公众参与平台，健全公开制度，鼓励社会积极参与规划的实施、监督和评估工作，发挥社会各界对规划实施情况的监督作用，营造全社会共同参与和支持规划实施的良好氛围。

附表 1 海洋生态环境保护主要任务和重点工程

序号	项目类型		主要内容	责任单位
1	海湾污染治理	海水养殖污染治理	修编实施《海南省养殖水域滩涂规划（修编）（2021—2030年）》	农业农村厅
2			实施海水养殖尾水治理工程	生态环境厅、农业农村厅、沿海各市县人民政府
3		入海排污口整治	编制出台海南省入海排污口设置管理相关法规政策及规范标准等相关文件，健全政策制度体系及技术体系。开展入海排污口查测溯治	生态环境厅、沿海各市县人民政府、洋浦经济开发区管委会
4		入海河流污染治理	通过开展流域内农业面源、生活源、水产养殖等污染源治理，改善入海河流水质	沿海各市县人民政府、洋浦经济开发区管委会
5		港口船舶污染防治	通过渔港环保基础设施及环保制度建设，加强环保意识教育等途径，开展渔港综合环境治理，推动渔船污染物储运和监管能力提升	农业农村厅、沿海各市县人民政府、洋浦经济开发区管委会
6		海洋塑料垃圾污染治理	开展全省海洋垃圾污染状况调查及评估。开展海洋垃圾综合治理，落实"海上环卫"制度，建立健全垃圾收置转运工作长效机制。完善海洋垃圾污染社会治理体系	生态环境厅、住房和城乡建设厅、农业农村厅、沿海各市县人民政府、洋浦经济开发区管委会
7		潟湖生态环境综合治理	开展海口市东寨港、文昌市八门湾、万宁市小海与老爷海、陵水县新村湾与黎安港、三亚市铁炉港、儋州市新英湾及澄迈县花场湾和边湾等重要潟湖海水养殖、入海河流、海洋垃圾污染治理和生态系统保护修复	生态环境厅、农业农村厅、自然资源和规划厅、水务厅、相关市县人民政府
8		沿海城镇污水处理设施建设	持续推进沿海地区建制镇污水处理设施建设，深入推进城区污水收集处理提质增效	沿海各市县人民政府、洋浦经济开发区管委会、水务厅
9		沿海农村生活环境治理	开展农村环保基础设施建设	沿海各市县人民政府、洋浦经济开发区管委会、生态环境厅
10	海洋生态保护修复	围填海项目整治	开展海口市南海明珠人工岛、如意岛、葫芦岛，三亚市三亚湾凤凰岛、红塘湾临空产业园，儋州海花岛，万宁市日月湾人工岛，澄迈县盈滨内海度假区，文昌市南海度假村人工岛、东郊椰林海上休闲度假中心等围填海及涉海项目整治	自然资源和规划厅、相关市县政府
11		海洋生物多样性本底调查	开展海洋生物多样性调查、监测和评估，摸清海南省海洋生物多样性本底	生态环境厅、农业农村厅、林业局
12		海洋珍稀濒危物种保护	开展白蝶贝种群修复技术研究，通过人工修复和自然修复相结合的方式，开展白蝶贝资源和生境的修复恢复，对白蝶贝资源进行定期监测。开展中华鲎及其栖息地调查监测及保护宣教工程，推动中华鲎保护立法工作。加强对三亚、乐东等西南部海域的管控，保障中华白海豚的海洋生存环境；加强科学研究，对中华白海豚开展保育宣传工作、制订保护行动计划	农业农村厅、科学技术厅、林业局

序号	项目类型	主要内容	责任单位
13		开展海南岛珊瑚礁本底调查。开展对文昌及琼海近岸海域，陵水县白排岛、分界洲岛及赤岭近岸海域和东方市鱼鳞洲等未纳入保护区范围的珊瑚礁及其生境的保护。在三亚市亚龙湾东排岛及西排岛、崖州湾东锣岛、红塘湾机场、三亚湾西岛、海棠湾后海和蜈支洲岛等附近海域，儋州市海花岛附近海域，海南麒麟菜省级自然保护区文昌和琼海片区，昌江县棋子湾海域、陵水县分界洲岛、新村湾等区域开展珊瑚礁生态系统修复	自然资源和规划厅、林业局、相关市县人民政府
14	海洋生态保护修复	建立全省红树林资源动态数据库及监测体系，开展监测调查评估和数据库建设。在海口市东寨港、文昌市铺前湾、八门湾及长圮港，儋州市新英湾、后水湾及峨蔓—鱼骨湾，万宁市小海，陵水县新村湾，三亚市铁炉港及青梅港，澄迈县花场湾及盈滨内湾，琼海市沙美内海，临高县新盈湾、黄龙内湾及金牌内湾，东方市北黎湾及通天港湾等区域营造、抚育红树林或提质改造、扩大红树林面积，提升红树林生态系统质量和功能	林业局、沿海各市县人民政府、洋浦经济开发区管委会
15		开展海南岛近岸海域海草床分布及生态系统本底调查。加强海草特别保护区监督管理。以自然为主、人工为辅，实施海南麒麟菜省级自然保护区，万宁市小海、陵水县新村湾、黎安港，海口市东寨港，三亚市三亚湾西岛、崖州湾东锣岛、海棠湾后海海域，儋州市海花岛海域及澄迈县花场湾海草床生态系统修复工程	自然资源和规划厅、林业局、相关市县人民政府
16		开展全省砂质岸线常态化监测和监管。通过建设海岸防潮减灾生态岸堤、营造沿海防护林带及人工补砂等措施在海口市海口湾西岸段，三亚市三亚湾西段、亚龙湾西段及榆林湾大东海西侧，儋州市海头—洋浦岸段，乐东县龙沐湾丰塘村岸段、莺歌海渔港南端及龙栖湾老高园岸段，东方市感恩河口、北黎河口及通天河口，昌江县昌化港湾小角岸段、棋子湾进董村岸段及双塘湾珠碧江河口，万宁市春园湾及日月湾，琼海市博鳌印象及东海村岸段，文昌市抱虎角—铜鼓角及冯家湾岸段开展保护、整治和修复工程	自然资源和规划厅、相关市县人民政府
17	海洋环境风险和自然灾害防范及应急响应	组织开展港口码头、沿海工业园区及重点涉海企业环境风险源专项执法检查和风险排查，完成风险源排查及清单编制和风险区划。利用先进技术手段，建立海洋环境风险动态管控平台和监视监测系统，加强重点区域风险监视监控能力	应急管理厅、交通运输厅、生态环境厅、自然资源和规划厅、海南海事局、沿海各市县人民政府、洋浦经济开发区管委会
18		建设海南省应急管理综合应用平台。编制或完善沿海市县（区）突发海洋环境事件应急预案及备案。建设海洋观测数据监控和管理系统、海洋观测历史资料库以及海洋预报公共服务新媒体平台，升级海洋预报制作平台、预报发送系统和海洋环境信息网	应急管理厅、生态环境厅、自然资源和规划厅、沿海各市县人民政府、洋浦经济开发区管委会

序号	项目类型		主要内容	责任单位
19	海洋环境风险和自然灾害防范及应急响应	海洋生态及次生灾害防范能力建设	调查影响昌江核电冷源安全的潜在海洋生物种类、数量及分布，研究海藻、水母、藤壶等致灾生物暴发原因，提出针对性防治措施，确保昌江核电冷源安全，防范海洋生态环境风险	自然资源和规划厅、生态环境厅、相关市县人民政府、海南核电有限公司
20	"美丽海湾"保护与建设	亲海环境品质提升	推进亲海岸滩整治修复。加强海水浴场、滨海旅游度假区等亲海岸滩、海漂垃圾综合治理、常态化清理及长效管理，打造"无废"海滩	自然资源和规划厅、住房和城乡建设厅、沿海各市县人民政府、洋浦经济开发区管委会
21		"美丽海湾"保护与建设	开展铺前湾、三亚湾、海棠湾、亚龙湾、榆林湾、后水湾、峨蔓—鱼骨湾、木兰湾、博鳌港湾（含沙美内海）、石梅湾、小海、香水湾、新村湾、龙沐湾、感城港湾、北黎湾、棋子湾、博铺港湾、花场湾等19个海湾的"美丽海湾"保护与建设	生态环境厅、自然资源和规划厅、农业农村厅、住房和城乡建设厅、林业局、沿海各市县人民政府、洋浦经济开发区管委会
22	海洋碳汇发展	海洋碳汇发展科技支撑平台建设	建设海南国际蓝碳研究中心，构建海洋碳汇数据库和服务平台，推进综合立体观测网络和标准体系构建	生态环境厅
23		碳汇调查监测与评估	开展海洋生态系统碳汇本底调查；开展红树林、海草床等典型海洋碳汇生态系统碳储量监测，建立全省海洋碳汇资源基础数据库，定期形成海洋碳汇调查评估报告	生态环境厅、相关市县人民政府
24		增汇工程	建设海岸带海洋碳汇增汇工程，在海口市东寨港、陵水县新村湾与黎安港、海南麒麟菜省级自然保护区及万宁市小海等区域实施增汇工程，探索区域海洋碳汇交易试点示范。开展渔业碳汇提升试点示范，在文昌市冯家湾、东方市感城镇、万宁市和乐等养殖园区构建多层次立体养殖模式，探索水产养殖碳汇机制。以海口市东海岸、儋州市峨蔓、临高县头洋湾、文昌市冯家湾、万宁市洲仔岛、三亚市蜈支洲等海洋牧场示范区为试点，开展渔业碳汇实践	林业局、农业农村厅、自然资源和规划厅、相关市县人民政府
25	海洋生态环境治理能力建设	制度完善	编制海洋生态产品清单，开展海洋生态系统总值核算。开展生态产品价值实现机制试点示范研究，推进建设基于生态环境系统性保护修复的生态产品价值实现工程	自然资源和规划厅、生态环境厅
26		法规政策体系完善	修订《海南省海洋环境保护规定》，制定关于海水养殖建设项目环境保护管理、渔港生态环境管理等相关规定，制定海水养殖尾水排放标准及入海排污口排查技术规范等	生态环境厅、农业农村厅
27		监管能力提升	推进"湾长制"重点海湾智慧管理平台建设	生态环境厅、沿海各市县人民政府、洋浦经济开发区管委会